分布交互仿真数据传输关键技术

Key Technology of Distributed Interactive Simulation Data Transmission

刘 鹂 著

国防工业出版社

·北京·

内 容 简 介

本书主要介绍分布交互仿真数据传输的基本理论和相关关键技术。本书分为基础篇、算法篇和应用篇。基础篇包括第1~2章，读者可以了解相关领域的研究现状，并且通过具体的实例了解建立一个分布交互仿真系统的数据传输平台的具体步骤，以及其中可能存在的问题与解决方法。算法篇主要介绍分布交互仿真数据传输系统扩展性技术，包括第3~5章。通过这几章，读者可以了解构建一个分布交互仿真数据传输系统中涉及的关键技术及主要算法，例如数据过滤算法、丢包恢复算法及拥塞控制算法等。应用篇为第6章，对分布交互仿真数据传输系统运行平台的实现方法和测试方法进行介绍，以实际的例子帮助读者迅速理解掌握分布交互仿真数据传输的关键技术方法。

本书以分布式仿真数据传输平台为主，同时介绍了相关理论、技术与应用，内容全面，循序渐进，可以作为分布式仿真研究与应用开发人员的参考手册，亦可作为高等院校计算机、仿真、自动控制相关专业学生的教学参考用书。

图书在版编目(CIP)数据

分布交互仿真数据传输关键技术/刘鹏著．—北京：国防工业出版社，2015.12

ISBN 978-7-118-10591-9

Ⅰ.①分…　Ⅱ.①刘…　Ⅲ.①计算机仿真—数据传输—研究　Ⅳ.①TP391.9

中国版本图书馆CIP数据核字(2015)第296907号

※

国防工业出版社出版发行

(北京市海淀区紫竹院南路23号　邮政编码100048)

北京嘉恒彩色印刷有限责任公司

新华书店经售

*

开本 880×1230　1/32　**印张** $4\frac{1}{2}$　**字数** 150千字

2015年12月第1版第1次印刷　**印数** 1—1500册　**定价** 38.00元

国防书店：(010)88540777　　发行邮购：(010)88540776

发行传真：(010)88540755　　发行业务：(010)88540717

前言

科学技术的发展，使我们在许多领域不断面临一些前所未有的复杂问题，这些问题很难进行现实环境下的实验论证，因此计算机仿真技术，特别是随着网络技术发展起来的分布交互仿真技术，越来越受到许多行业的重视。

分布交互仿真中实体间信息交换较为频繁，为了及时跟踪实体的状态和外部世界的变化，实体之间以及实体与外部世界（如地形数据库等）之间要及时交换数据（包括实体状态、交互事件、地形数据等），因此数据的传输与处理需要较高的网络带宽和处理能力。另外，在一些大型应用系统中可能存在大量的仿真实体，甚至要求能支持数万个仿真实体的实时交互。分布交互仿真中具有明显的多对多的组传输特性，各个主机节点都不停地产生仿真实体的数据，这些数据从不同的主机被发送到所有需要接收的那些主机。因此，组播技术对大规模分布交互仿真应用有着重要的意义。

基于组播技术实现分布交互仿真是分布式虚拟现实领域的重要研究内容，而跨广域网的分布交互仿真应用需求日益增加。与点对点、服务器转发或广播等通信机制相比，组播技术更适合于多对多的通信，具有高吞吐量、低开销的特点。但 IP 组播是不可靠的传输方式，且目前 Internet 上路由器对组播的支持不够普及，IP 组播不能跨广域网，影响了其应用发展，由此产生了应用层组播技术。相对于 IP 组播，应用层组播在传输效率上存在缺陷。针对分布交互仿真中多对多组通信、组成员动态变化、实时性要求高等特点，将二者恰当地结合起来，利用它们的特点实现分布交互仿真的广域网组播传输是本书所介绍的核心内容。

本书内容还包括分布交互仿真数据传输系统中涉及的关键技术及主要算法,如基于发布/订购的域间数据过滤算法、基于Sender-Group的域内可靠组播丢包恢复方法、基于趋势分析的拥塞控制方法等,并介绍了平台实现和测试方法。可供读者开展相近的研究或应用时参考。

本书在出版过程中得到了国防工业出版社的鼎力支持,同时虚拟现实技术与系统国家重点实验室的吴威老师、周忠老师、蔡楠、唐昕、刘冬梅、王跃华、于庆等也为本书的撰写和顺利出版付出了心血,在此一并表示感谢!

作　者

2015年10月

目录

第一章

绪 论

本章阐述了相关重要概念,并对 IP 组播、应用层组播和分布交互仿真中可靠组播等领域的研究现状进行了分析和展望。

1.1 重要概念

分布式虚拟现实(Distributed Virtual Reality,DVR)[1,7]是在虚拟现实技术和网络技术的基础上发展起来的,又称为分布式虚拟环境、网络化虚拟现实环境、多用户虚拟环境等。它将地理分散的虚拟现实系统通过网络连接起来共享信息,多个用户在一个共享的虚拟环境中进行交互,协作完成任务[8,9]。分布式虚拟环境的研究是虚拟现实研究中的一个重要方向[10]。

分布式虚拟环境最早、最广泛的应用领域是分布式的仿真训练,并称为分布交互仿真(Distributed Interactive Simulation, DIS)或分布式仿真(Distributed Simulation)[10]。分布交互仿真技术由于具有有效性、可重复性、经济性和安全性等特点,在国民经济和国防建设领域有着广泛的应用,尤其是在军事领域,包括我国在内的很多国家已经建设了大量的分布交互仿真系统,其中美国推出的相关标准和建立的系统得到了广泛关注和参考[11]。

组播技术是分布交互仿真中的重要技术,美国所举行的历次大规模军事演习都是以组播技术为基础的。现在的 Internet 是建立在 TCP/IP 协议基础上,其通信以点对点单播通信为主,而对组播通信的支持很少。随着社会和技术的发展,出现一些具有一对多或者多对多通信特点的应用,一对多和多对多的通信模式对 Internet 提出了更高的要求。组通信应用对 Internet 数据传输的要求可能包括带宽需求、延迟需求、可靠性需求、多发送方、扩展性、动态加入/退出等要素。在视频点播等应用领域,已经有以组播支持为重点的核心路由器推出,在一些企业网或小区网起着重要的作用。

单播通信时,发送者需要向各个接收者逐一发送数据报文,而组播通信中,发送者只需向指定的组播地址发送一个数据报文,该报文的副本则由具有组播功能的路由器或交换机完成,并最终发送给各个接收者。因此,组播通信可以节省大量的网络通信资源,提高通信效率。但 IP 组播存在如大规模组管理、服务质量、安全性等问题,现在尚未在 Internet 上广泛部署,限制了其应用范围。尽管 IPv6 中将组播作为一项重要改进内容,在技术规范、安全性等方面有所完善,但大规模的组播应用仍将是极其困难的,需要寻求新的技术方案以满足特定领域的组通信需求。

组播应用的领域很多,不同的应用对组播组规模、组播数据发送方数量、组成员动态性、带宽延迟要求等方面都存在很大的差异,所以组播应用在可预见的时期内实现像 TCP/IP 一样的通用协议是不太可能的。分布交互仿真对组播通信各项指标的要求较为严格,尤其是苛刻的实时性和多点对多点要求,组播对广域网的分布式交互仿真来说更是一个很大的挑战。

1.2 相关领域研究现状

本节介绍目前 IP 组播研究现状,应用层组播研究现状,总结分布交互仿真中组播及可靠组播问题的相关研究。

1.2.1 IP 组播研究现状

组播(Multicast)是相对于单播(Unicast)和广播(Broadcast)而言的,在发送者和每一接收者之间实现点对多点网络连接。如果一台发送者同时给多个接收者传输相同的数据,只需复制一份相同数据包。

它提高了数据传送效率,减少了骨干网络的数据交换量。这三种数据传输方式如图 1-1 所示。

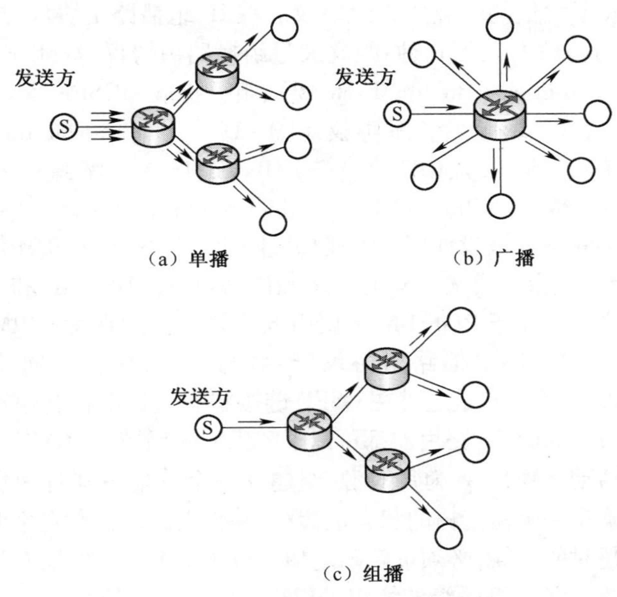

(a) 单播　(b) 广播

(c) 组播

图 1-1　单播、广播、组播传输示意图

在图 1-1 中,单播传输的方法,需要发送方重复发送报文,占用了大量的带宽。广播传输的方法,则向局域网内的每一台主机发送消息,主机会接收到很多不需要的消息,造成了主机和网络资源的浪费。组播传输的方法由路由器根据组播组与主机的关系,判断链路上哪些主机对组播报文感兴趣,并完成报文复制和转发。

IP 组播的概念是在 20 世纪 80 年代中期由斯坦福大学的博士生 S. E. Deering 提出的。1988 年,D. Waltzman,C. Portridge,S. E. Deering 发表了介绍距离向量组播路由协议的文章。这篇文章提出了一个开放、动态无连接的组播服务模型,该模型使用户可以通过 D 类组播地址,在任何时间创建、加入和离开组播组,并通过组播组发送和接收数据。Internet 工程任务组 IETF 为组播研究成立了众多工作组,分别研究组播路由、组播安全、可靠组播等 IP 组播技术。随后构建了 IP

组播实验床 Mbone[22]。1992 年的 IETF 大会上,首次通过 Mbone 实现了广域网上的 IP 组播音频传输[23]。IP 组播的研究至今已经开展了 20 年,形成了大量的研究成果及协议。在 IP 组播路由协议方面,主流的组播路由协议有以下几种:距离矢量组播路由协议 DVMRP[24](Distance Vector Multicast Routing Protocol)、组播扩展 MOSPF[25](Multicast OSPF)、密集模式独立组播协议 PIM-DM[26](Protocol Independent Multicast-Dense Mode)、CBT[27](Core Based Trees)、稀疏模式独立组播协议 PIM-SM[28](Protocol Independent Multicast-Sparse Mode)等。

PIM-DM 主要被设计用于组播局域网应用程序,PIM-DM 使用了和 DVMRP 及其他密集模式一样的溢出和修剪机制。DVMRP 和 PIM-DM 之间的主要不同在于 PIM-DM 主要引入协议独立的观念。PIM-DM 可以使用由任意底层单播路由协议产生的路由表执行反向路径转发(RPF)检查。MOSPF 是通过在 OSPF 链接状态通告中包含组播信息而工作的。每个 MOSPF 路由器都可以了解到哪个局域网(LAN)上的哪个组播组在活动。MOSPF 为每对源/组建立一个分配树并且为发送到组的活动源确定一个树。树的状态被缓存,并且当链接状态发生变化或高速缓存器超时的时候,必须重新确定树。PIM-SM 是一种能有效地路由到跨越大范围网络组播组的协议。PIM-SM 协议不依赖于任何特定的单播路由协议,主要被设计来支持稀疏组。它使用了基于接收初始化成员关系的 IP 组播模型,支持共享和最短路径树,此外它还使用了软状态机制,以适应不断变化的网络环境。它可以使用由任意路由协议输入到组播路由信息库(RIB)中的路由信息,这些路由协议包括单播协议如路由信息协议(RIP)和开放最短路径优先(OSPF),还包括能产生路由表的组播协议,如距离矢量组播路由协议(DVMRP)。

除了以上的组播路由协议之外,还有一些应用与域间路由或地址管理等方面的协议和方案也得到了广泛的研究,其中包括:组播协议边界网关协议 MBGP[30](Multiprotocol Border Gateway Protocol)、组播源发现协议 MSDP[31](Multicast Source Discovery Protocol)、组播地址集请求协议/边界网关组播传输协议 MASC/BGMP[32]。

IP 组播的研究虽然已经取得了很多成果,但一直未能在 Internet 上全面部署并发挥作用,它本身也存在很多问题[33]。IP 组播的扩展性受到一定限制，路由器需要保存每个组播组以及每个组播节点的状态，随着组播规模的扩大，组播节点与组播组数量的增加，路由器的负载迅速增加，成为系统的瓶颈，扩展性受到限制；IP 组播采用尽力投递方式，不保证传输的可靠性。路由器或主机缓存溢出等问题可能引发网络或主机拥塞，造成数据包的丢失，因此不能保证所有的接收方都收到报文。传输的顺序性是另一个问题，由于传输路径的不同，及在路由器处排队队列的不同，造成了数据包被接收方收到的顺序与它们的发送顺序不一致；同时，目前现有的域间组播协议存在扩展性差、实现复杂度高的问题，阻碍了 IP 组播在广域网的部署。另外，IP 组播需要支持组播的路由器，而 Internet 现有的路由器只有少部分支持组播路由，这需要各路由器厂商对相关标准取得共识和支持，同时还需要确立组播地址分配中心的权威性和职责，才有可能全网部署。

因此，在现有的基础设施条件下，需要研究其替代方案，如在现有的 Internet 路由器基础上通过上层应用实现组播路由。因此，近年来应用层组播的研究逐渐成为组播领域新的研究热点。

1.2.2　应用层组播研究现状

IP 组播因为技术和市场等方面的问题难以在 Internet 广泛地部署，因此，结合 Internet 的性质和应用的特点，在 IP 组播模型、覆盖网（Overlay Network）和 Peer-to-Peer 等技术日新月异的基础上，发展出了应用层组播技术。

应用层组播将依赖于路由器支持的组播功能转移到终端系统上，通过终端进行数据的复制与缓存，而终端之间仍运用现有的单播传输技术，使得在现有的网络基础设施上可以支持组播，而不需要路由器进行数据的复制和组播组管理。图 1-2 为应用层覆盖网组播示意图。

应用层组播中，组播组状态在终端系统中维护，不需要路由器保持组播状态，改变了 IP 组播在广域网中对路由器的依赖，解决了组播扩展性的问题。应用层组播可以根据所运行的应用需求构建不同的覆盖网络，不需要网络设备升级和功能支持。建立在网络连接之上的应用层组播节点之间一般通过 TCP 或可靠 UDP 进行消息转发，可利用 TCP 的可靠性和拥塞控制实现简单的组播可靠性保证和拥塞控制。

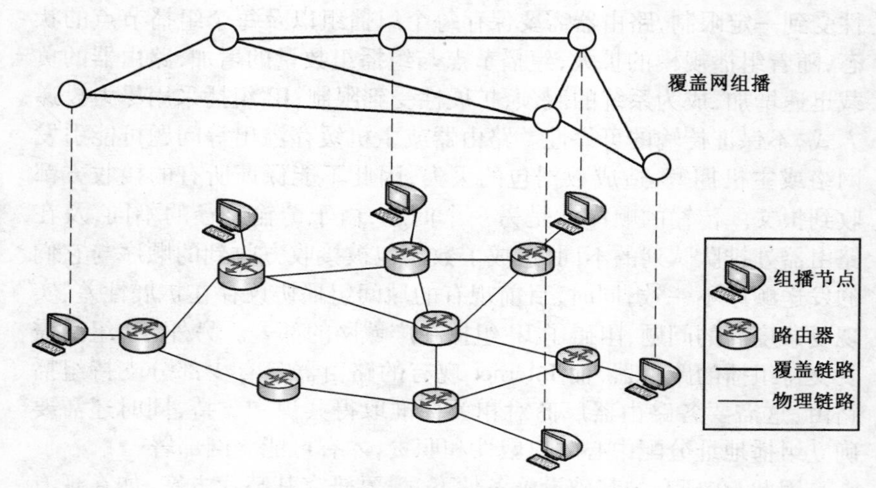

图 1-2　应用层覆盖网组播示意图

根据节点拓扑的不同,应用层组播的体系结构可分为对等型、代理型、服务器型三类。对等型体系结构中,每个组播节点都是对等的,节点之间通过一定的算法和协议形成自组织网络,组播的复制转发等功能均通过组播节点来完成,每个节点的地位和任务都是平等的。代理型体系结构中,通过部署一定的代理节点负责组播消息,组播节点通过接入距离最近的代理节点加入组播组,而这些代理节点的部署和数据传输路径均由服务提供商负责预先确定服务器型是介于对等型与代理型之间的一种应用层组播体系结构。组播数据的转发由具备较大负载的服务器负责,这些服务器可能是性能较高的普通组播节点。对于这些节点构建的组播转发树而言,结构和性能均比较稳定,通常可支持大规模的应用层组播服务。

针对不同的体系结构,出现了许多应用层组播协议。这些协议通常可分为集中式和分布式两类。集中式协议通过一个服务器负责构建所有组播节点的拓扑,由服务器进行延迟、带宽等指标的计算构造转发树,然后将这些关系发给相应的组播节点。这种方法的优点是实现简单,负载小。但其带来的问题是扩展性受到了单个服务器的限制。集中式应用层组播协议有 ALMI[130],HBM[131]等。分布式应用层组播协议中，每个组播节点分布的构建组播拓扑，数据的转发树也由组播节点动态生成。分布式协议中控制拓扑(mesh)维护了节点之间的多条路径，转发树(tree)则为组播数据转发的依据。在mesh基础上构建转发树的协议称为mesh优先，代表性的协议有NICE[132]，Overcast[133]，Yoid，HMTP，HostCast[134]等；在tree的基础上引入额外的边从而构成mesh的协议称为tree优先，代表性的有Chord[135]，Scribe[136]，Narada[137]等。

但是，应用层组播主要是以单播为基础的，在稳定性和传输效率等方面也存在一些问题。通过应用层方式实现组播，增加了网络资源的需求，控制信息增加了数据传输的开销，引入了构造和维护组播路由的空间和时间代价。覆盖网的构建，多条逻辑链路的生成可能占用同一条物理链路，或者一条逻辑链路重复利用多条物理链路，影响了数据传输的性能。相对通过路由器实现的IP组播，应用层组播系统主机性能受到影响，稳定性较差，牺牲了IP组播服务的高效性。

图1-3为IP组播和应用层覆盖网组播的对比示意图。IP组播和应用层组播在特性和局限性上具有互补性，IP组播传输实时性好，延迟小，但是需要路由器维护组播组的状态信息，在Internet的部署上存在困难。应用层组播在性能上低于IP组播，但不需要路由器的支持，便于部署。如何将两者有效地结合起来以满足应用的需求是我们拟解决的关键问题。

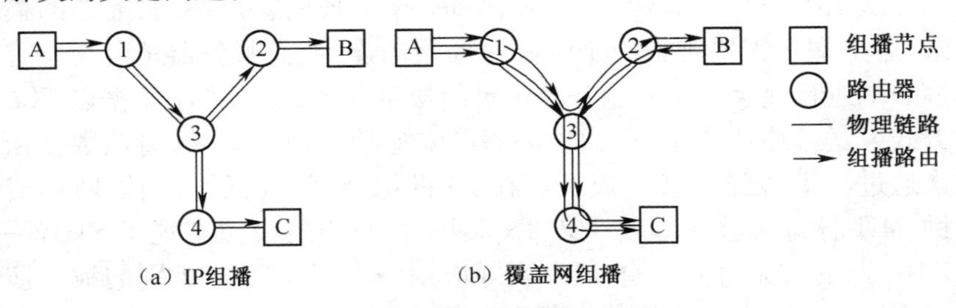

图1-3　IP组播和覆盖网组播对比图

1.2.3　可靠组播技术研究现状

由于不同的组播应用对可靠性的要求差异很大，对可靠组播的研究要比 TCP 可靠传输机制困难得多,不存在一个能够满足所有可靠组播要求的传输模型。因此在可靠组播的研究中出现了大量的可靠组播协议,每一种协议往往都是针对一种类型的组播应用而设计的。大规模分布交互仿真应用需要使用大量的组播组通信,是一种典型的多对多组播通信应用,其中大量的动态组播组并发通信,且组播报文对传输的延迟非常敏感。现有的可靠组播研究主要还是面向基于端到端的一对多可靠组播,在多对多的可靠组播研究方面目前国际上主要的做法有基于 TCP 的可靠组通信和基于 IP 组播的可靠传输。

1. 基于 TCP 的可靠组通信(TCP Exploder)

应用层的组播通信 TCP Exploder[34,35]是多数分布交互仿真系统中实现可靠组播的一种方式,将组播数据复制多份,通过 TCP 依次发送给不同的接收方。美国军方早期使用的 RTI-s,在设计中其可靠消息服务就基于 TCP 实现了应用层组播,其体系结构如图 1-4 所示。

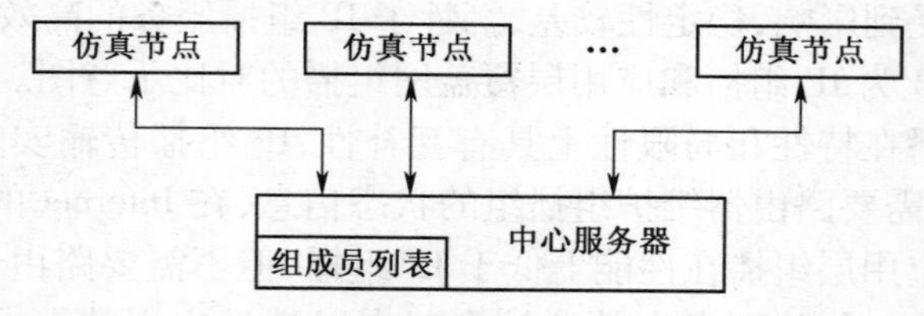

图 1-4 TCP Exploder 体系结构

从图 1-4 可以看出,TCP Exploder 技术采用客户端/服务器的模式,客户端仅需要维护一个中心服务器的连接,而服务器负责与所有客户端进行交互。中心服务器记录组成员列表,发送方将数据以 TCP 方式发送给中心服务器,由中心服务器遍历组成员列表,将该数据依次通过 TCP 发送至各组成员。在 20 世纪 90 年代,受美国国防部资助,MIT 林肯实验室基于 TCP Exploder 在应用层模拟实现了 STOW-RTIs[31]的可靠组播传输,但在实际应用中发现,STOW 级别的战术演习中即使是可靠传输的数据都有可能引起拥塞而造成网络灾难性崩溃,所以美军进行军事演练时使用的 RTI-s 一直没有使用可靠传输方式。

由 Georgia 大学 Richard Fujimoto 教授主持开发的 FDK(Federated

Simulations Development Kit)总体结构如图 1-5 所示,其中 FM(Fast Messages)模块是伊利诺斯大学为高性能虚拟机集群开发的一个单播传输系统,类似于 Internet 上 TCP 协议的作用,组播模块 MCAST 是基于 FM 实现传输的,也就是说 FDK 的组播是 TCP Exploder 类似的顺序单播模拟的。尽管在 Myrinet 这样的集群系统中单播速度很快,但订购者增多时单播效率也不高。而且当 FDK FM 移植到 TCP/IP 上时,并没有在 IP 组播上增加相应的功能。

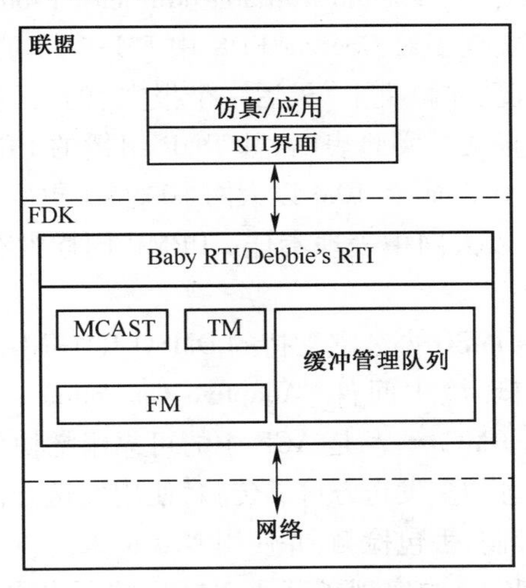

图 1-5 FDK 总体结构

E-RTI[38]、pRTI 等通过建立不同主机上仿真节点间的 TCP/IP 连接并结合数据过滤机制,提供可靠传输,从组通信的角度来看,也是类似的技术。总的来看,这种方式需要顺次将数据 TCP 发送至组中成员,当组规模较大的情况下,由于 TCP 的拥塞控制策略,将对发送方过度抑制,吞吐量会急剧下降,并引入较大的延时。

2. 基于 IP 组播的可靠传输

George Mason 大学提出了一种 SRMP[39] 协议(Selective Reliable Multicast Transport Protocol),为分布交互仿真中的消息提供三种传输模式:尽力组播、可靠组播、可靠单播,为非频繁变化属性的数据提供可靠传输服务，而为频繁变化属性的数据提供尽力传输服务，从而降低分布交互仿真网络中的通信量。在此框架下，SRMP 提供了一种基于 NACK 的层次式可靠组播协议，大约 2001—2003 年该单位 J. Mark Pullen 等在 DMSO 支持下将 SRMP 集成于 RTI-NG 中，SRMP 的实现较复杂，测试表明具有较大的资源开销和延时。

新加坡南洋理工大学 Cai WenTong 等设计实现了一种轻型的可靠组播协议 PRMP[29]（Pseudo-Reliable Multicast Protocol）。PRMP 是基于 IP 组播的，实现了对 Georgia FDK 中 FM-TCP 的改造，它通过接收方进行丢包检测，并解决了“最后一个报文”的丢包检测，发送方也以组播重传恢复报文。实验表明，基于 IP 组播的 PRMP 比 FM-TCP 的延迟仅高 0.4~0.5ms，在 10M 以太网中取得了更好的保守时间推进性能，但在 100M 以太网中表现不佳。PPMP 同样没有考虑拥塞控制问题。

美国国防部 DMSO 办公室支持的 DMSO RTI-NG 2.0 版的传输是建立自适应通信环境中间件（Adaptive Communication Environment, ACE）的基础上。RMCast[71] 是 ACE 中的可靠组播协议，它基于 IP 组播实现了面向消息的多发送方可靠传输，使用发送方报文编号来进行重新排序、重复抑制、丢包检测，并使用 NACK 来进行丢失报文的报告和丢包恢复。RMCast 中实现了基于 NACK 的历史重传机制（Dubbed Negative Retransmission），每一个发送方在其数据报文中捎带其他发送方的编号列表，以及从这些发送方中收到的最后一个消息顺序号，构建了一个增量型的消息列表，即每一个消息都会捎带其他发送方先前消息的某些信息，通过这种方式来协助接收方进行丢包检测。RMCast 中没有对组播组状态管理，消息将在队列中保存一段时间，以便进行丢包的重传操作。

北京航空航天大学虚拟现实技术与系统国家重点实验室从 2001 年至 2003 年开始在可靠组播方面进行研究，前期设计并实现了一种基于 NACK 的可靠组播协议 DVERMP[85,86]，DVERMP 的设计中考虑分布交互仿真应用的实时性要求，采用了二层组管理的丢包恢复机制,不保存缓冲时间过长的失效数据,在保障实时性的条件下提高了数据传输的可靠性。但测试中发现,该算法在较大规模的应用下经常会发生拥塞现象,因缓冲数据溢出在各重发节点出现丢包。DVERMP的实验结果显示,在大规模分布交互仿真应用中使用一般的端到端可靠组播协议会增加通信量,不但不能提高可靠性,反而会进一步恶化系统的拥塞程度。因此需要在可靠性和拥塞之间进行权衡,需要从可靠组播与拥塞控制两个方面进行研究。

第二章

基于广域网网关的多对多组播传输模型

分布交互仿真中的组播具有节点数量多、交互量大、延迟要求高等特点，针对这些特点，本章介绍了一种基于广域网网关的多对多组播传输模型 MDM，以及其中负责进行域间组播传输的广域网网关 MDG，延迟—带宽约束的组播路由算法，简述了域内的多对多可靠组播模型整体结构。

2.1 引　　言

跨广域网的分布交互仿真应用通常具有以下特点：仿真节点按所属分布在不同的局域网中；每个局域网内的仿真节点数量众多、交互频繁；仿真节点加入/退出频繁；各局域网接入广域网主干的带宽、延迟差别大；局域网内可支持 IP 组播，但域间一般不支持 IP 组播。因此，IP 组播或者目前研究较多的应用层组播均无法很好地解决跨广域网的分布交互仿真应用中的问题。针对分布交互仿真的这些特点，本章给出了一种基于广域网网关的多对多组播传输模型，该模型采用层次式的网络结构，在局域网域内和广域网域间采取不同的组传输方式，通过设置广域网网关来解决跨广域网的多个仿真域互联问题。

2.2 相关研究

在广域网上开展应用一直是分布交互仿真领域的重要目标，分布交互仿真将分布在不同地点的主机节点通过网络进行互联,共同维护一个一致的虚拟环境。因此分布交互仿真的研究基础之一就是网络模型,适当的网络模型能给分布交互仿真应用提供有效的支持。分布交互仿真网络模型是影响系统的整体效率和扩展性的重要因素。

在广域网上开展分布交互仿真应用通常采用的网络模型包括客户—服务器模型、广播/组播模型和网关模型等,这些模型在扩展性、传输性能上有各自的特点。

2.2.1 客户—服务器模型

客户—服务器模型中包含两种类型的节点:仿真节点(即客户端节点)和服务器节点。仿真节点之间不能直接通信,必须通过服务器来完成。某个仿真节点首先将消息发送到服务器节点,然后再由服务器节点将消息发送到其他服务器或其他仿真节点。服务器节点也会进行一些全局数据的处理,并通知给每个仿真节点。客户—服务器模型又可根据服务器的数量分为单服务器和多服务器两种。这两种客户—服务器模型的网络示意图如图 2-1 所示。

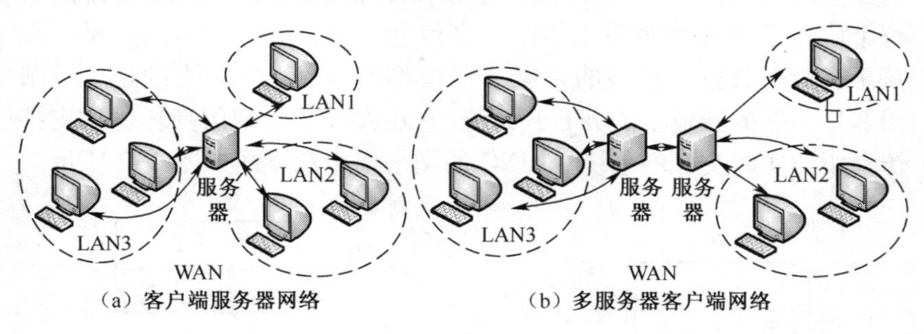

图 2-1 客户服务器模型网络示意图

图 2-1(a)中的单服务器模型需要在广域网上设立一个与分布交互仿真中各个局域网都相连的中心服务器,中心服务器必须具备很高的性能用以处理大量的计算。在单服务器模型中,任意的两个仿真节点之间的仿真数据交换都需要通过服务器进行转发。单服务器模型便于控制系统的一致性和安全性,服务器节点可方便地进行消息过

滤,但是随着仿真节点规模的扩大,服务器需要的运算量过大,延时增高,同时存在单点瓶颈问题。图 2-1(b)中的仿真用户之间通过多服务器节点进行通信,即由多个服务器节点为仿真节点提供服务,仿真节点和服务器节点之间通过集中式方式连接,而服务器之间是一种分布式结构。这种网络模型一方面具有客户—服务器结构的优点,并且可以避免单点失效,提高了系统的可扩展性和负载能力。但是没有利用同一局域网内的仿真节点的关系,同一局域网内的仿真节点仍需通过服务器进行通信。而且需要解决通信机制和用户迁移等问题。

MASSIVE-3(Model, Architecture and System for Spatial Interaction in Virtual Environments)[51]是由诺丁汉大学开发的一个沉浸式的虚拟空间的远程会议系统,为了便于控制系统的一致性和安全性,它采取了单服务器的集中式结构。该系统允许多用户在局域网和广域网上通过任意的声音、图像和文字媒体通信。它可支持 100~1000 个同时活跃的用户。新加坡国立大学的系统科学研究所研究开发了 Brick-Net[50]系统,它是一个提供了对图形、动作和虚拟世界网络建模支持的虚拟环境工作包,将虚拟世界分布在多个客户工作站(服务器)上,每个协作节点通过客户工作站共享信息,共同完成协作任务,是一种基于客户—服务器模型的多服务器模型。RING[52]系统也是一种采用客户—服务器模型的分布式系统,它在大规模三维仿真环境中支持仿真用户实时交互的系统。RING 的网络模型示意图如图 2-2 所示。

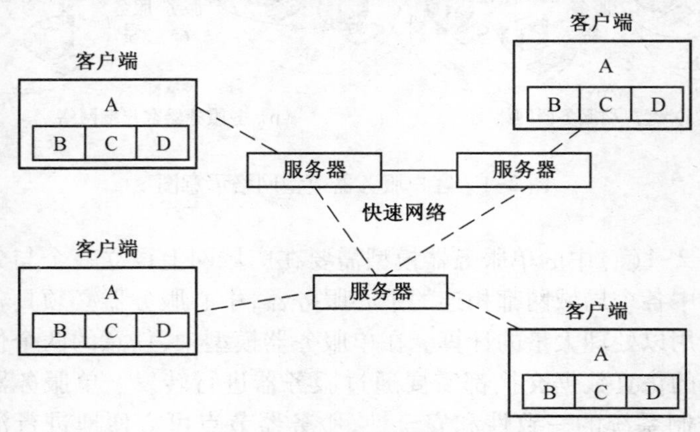

图 2-2　RING 网络模型示意图

在图 2-2 中,RING 使用多个服务器管理多客户,每个服务器之间进行相互通信。多服务器的结构具备集中控制的优点,并且将系统的负载分配到多台服务器上,具有更好的扩展性;但每个节点均通过服务器进行通信,对同一局域网内的节点来说增加了通信的复杂性。

2.2.2 广播/组播模型

广播模型中,每个实体之间是一种对等关系,共享其他实体的软硬件资源,没有功能和性能上的区别,模型中的每个实体直接发送广播给任意其他实体。在广播模型中,通常每个实体都保存一个数据库的本地副本,也能独立处理计算。当一个实体对数据库作更改时,它必须广播通知给系统中其他所有的实体。广播/组播模型的网络示意图如图 2-3 所示。

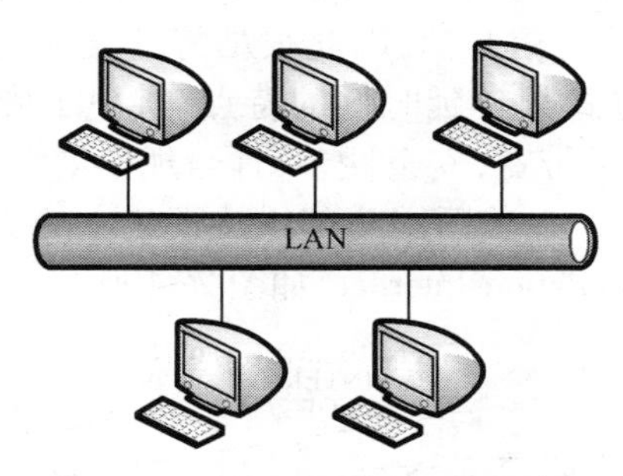

图 2-3 广播/组播模型网络示意图

广播/组播模型具有低延迟的优点,因为数据包均直接通过最短路径从发送方到接收方,避免了中心瓶颈问题。广播/组播中的所有仿真节点无论实际网络如何部署,都同样对待,适用于局域网内仿真节点的通信。每个消息都广播或组播给组内所有的仿真节点,这样的机制使分布交互仿真的扩展性受到一定限制,当仿真规模增加时无法满足广域网上分布交互仿真性能上的要求。

早期的分布交互仿真系统多采用广播模型的对等网络结构,如 SIMNET,NPSNET,DIVE 等。SIMNET(SIMulator NETworking)[47] 系统是早期为美国国防部开发的一个分布式军事虚拟环境,它由对象事件结构和自主仿真节点等组件组成。其中自主仿真节点是指每个节点要对虚拟环境中一个或多个对象负责，节点采用分布式的结构，系统中一个节点的故障不会造成整个仿真的停止。DIS 协议是一种异构型网络结构，各节点完全自治（没有中心计算机），各节点拥有完全相同的视景（地形、实体模型等）数据库，一致的坐标系统：Geocentric (GCC) 坐标系统；网上协议数据单元（Protocol Data Unit，PDU）传输采用广播方式，只传输状态数据/事件；仿真实体状态每隔一段时间至少向网上发送一次，采用 DR（Dead Reckoning）算法减轻网络负载。DIVE（Distributed Interactive Virtual Environment）[49]系统是由瑞典计算机学院开发的分布式交互虚拟环境，DIVE 使用分布式、完全复制的数据库，类似于 SIMNET 系统，但是它的数据库是动态的，以可靠一致的方式添加新的对象或修改当前数据库，它使用可靠的组播协议，通过分布式锁机制实现对数据库更新的并发控制，这种方法显著地增加了网络虚拟环境的通信开销，因此很难将其支持的规模性进一步扩大。广播模型的方式具备延时低的特点，避免了中心节点的瓶颈问题，但是会占用大量带宽，安全性差，且当规模增大时，整个系统的一致性难以得到保证。在美国国防部主持下建立的美国国防仿真互联网 DSI（Defense Simulation Internet）如图 2-4 所示。

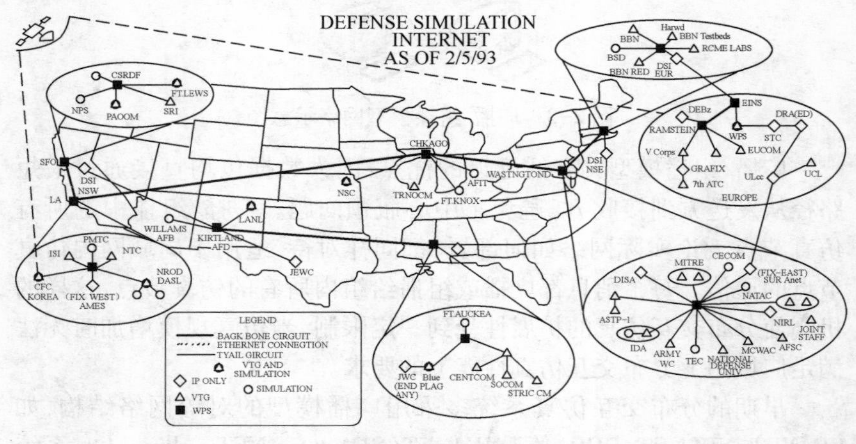

图 2-4　美国国防仿真互联网 DSI 图

该网互联了美国从东到西的多个城市的多个研究与应用单

位。除了使用高性能的网络产品外,DSI 使用了一种支持组播的双层网络结构,使大规模的分布式虚拟战场演练成为可能。DSI 研究并使用了专用的安全保密方法。STOW97 在 DSI 上进行,长达每次 24h 共三次的演练中,没有发生一次网络崩溃,由此可见其性能及结构的合理性。

2.2.3　网关模型

广播/组播模型和客户—服务器模型都有各自的优缺点,近年来很多研究通过这两种模型的结合来提高分布交互仿真的扩展性和整体性能。这种广播模型和客户—服务器模型相结合的模型称为网关模型。此模型中,根据网络结构的不同,局域内的节点之间采取点到点的方式传输,不同局域内的节点通过服务器方式转发数据。网关模型的网络示意图如图 2-5 所示。

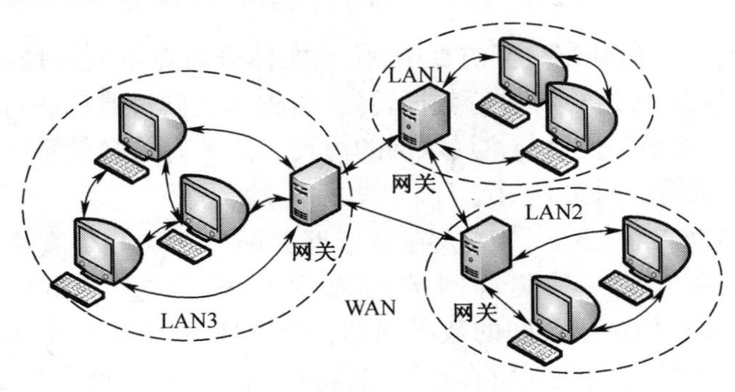

图 2-5　网关模型网络示意图

从图 2-5 可以看出,网关模型利用了广播模型和客户—服务器模型的优点。在短距离高带宽的局域网内通过广播或组播的通信方式,而客户—服务器模型用来在长距离低带宽的广域网上进行通信。网关模型体现了在延迟和距离之间的平衡,可以动态改变网络拓扑、主机定位和网络的动态变化。网关节点的结构实现也比较复杂,需要解决通信机制和数据过滤技术等重要问题。

应用层网关是为了满足应用的需要,专门设立的负责管理和转发数据报文的中间节点。Mostafa 等提出了基于网关的面向分布交互仿真的关联过滤方法[61]。该方法在基于网关模型构建分布交互仿真系统中，通过网关节点进行仿真数据的过滤转发，如图 2-6 所示。

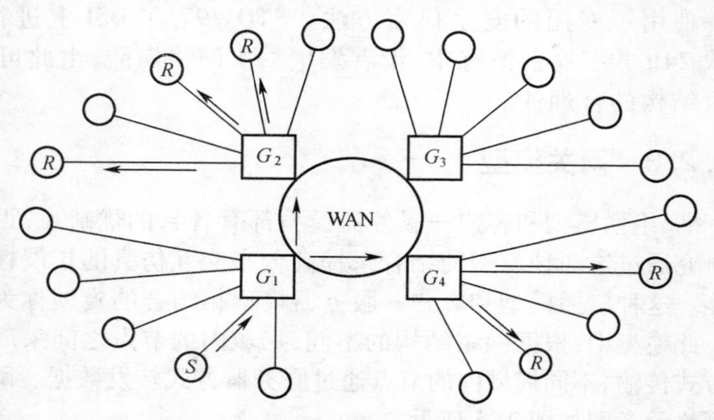

图 2-6　基于 Gateway 的分布交互仿真

在图 2-6 的分布交互仿真中，仿真实体分布在不同局域网内，通过网关 $G_i(i=1,2,3,4)$ 进行数据转发，G_1 根据关联过滤算法对数据进行过滤，只将消息发给与本局域网的仿真实体 S 有关联关系的接收方 R 所在局域网的网关 G_2，G_4。

2006 年 Dan Chen[63] 等人在基于网关的分布交互仿真构建方法基础上，提出了一种集群网关的构建方法，通过 CGATE（cluster gateway）实现仿真成员间的数据通信。CGATE 系统是一个典型的基于网关模型的分布交互仿真系统，它将仿真成员按集群进行划分，属于不同集群的仿真成员通过 CGATE 进行通信，该系统利用了网关结构的优点，可以在一定程度上提高系统的扩展性。CGATE 之间通过主干网连接，基于 CGATE 构建的分布交互仿真环境结构如图 2-7 所示。

图 2-7 中的分布交互仿真中，仿真成员按地理位置划分为多个集群，属于不同集群间的仿真成员之间的通信需要通过自己所在集群的 CGATE 的转发，对于 CGATE 来说，集群内的仿真成员称为内部成员，通过其他 CGATE 与之进行通信的仿真成员称为外部成员。其中 CGATE 的内部结构如图 2-8 所示。

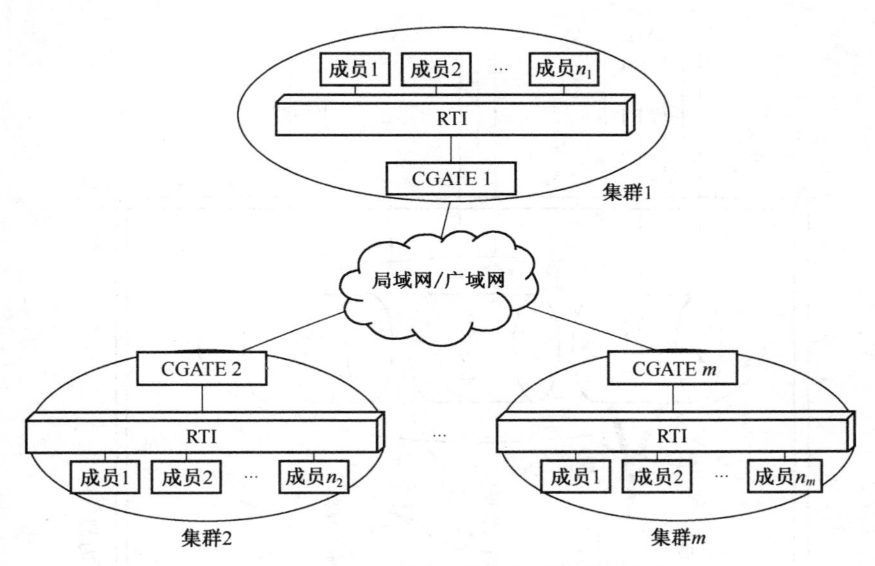

图 2-7　基于 CGATE 的分布交互仿真结构图

图 2-8 中虚线矩形内的模块是与 RTI 通信需要维护的模块，椭圆虚线内维护的是系统所保存的状态信息。输出线程位于 RTI 信息队列和远程 CGATE 通信模块之间，负责将本集群内仿真信息转发到远端 CGATE。输入线程则用于从远程 CGATE 通信模块接收仿真信息，并转发给本集群的仿真成员。每个 CGATE 都有一个输出线程，有一个或多个输入线程。

基于 CGATE 的分布式虚拟环境没有采用数据过滤机制，各个 CGATE 之间需要交换的数据量大，CGATE 节点需要负责所在集群的所有仿真数据的转发工作，包括集群内部的仿真数据转发，在仿真成员规模增大时，会成为系统的瓶颈。

由以上的研究可以看出，基于网关的分布交互仿真，除了要求网关在一定延迟带宽的要求下转发组播数据之外，还必须提供行之有效的数据过滤机制，从而降低网关节点发生拥塞的几率，避免网关成为整个系统的瓶颈，影响整个分布交互仿真的运行。同时，如何将域内和域间的通信任务进行划分，减轻网关的负载也是需要解决的问题。

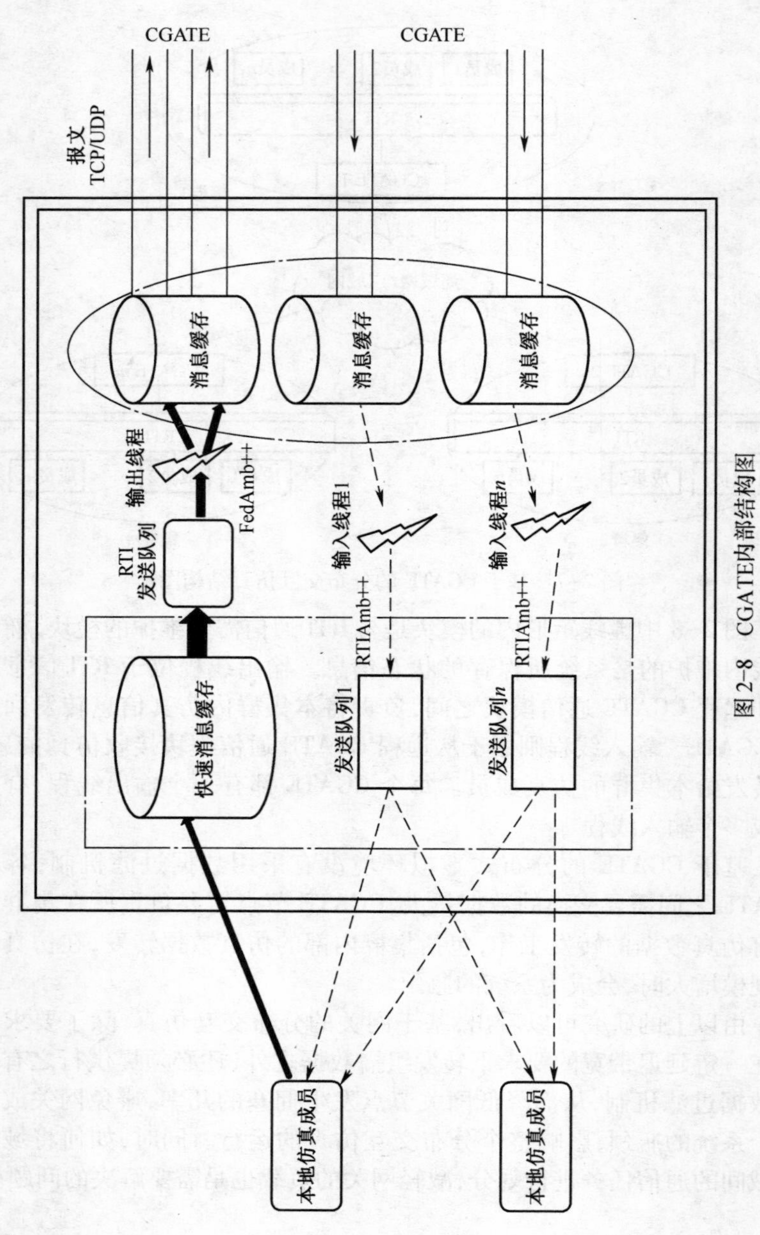

图2-8 CGATE内部结构图

2.3 基于广域网网关的多对多组播传输模型

广域网上分布交互仿真应用的基本特点是将存在的多个自治域进行互联，每个自治域内的大量仿真节点通过局域网连接起来，而多个局域网之间通过主干网络路由连接。由于域内和域间的网络基础架构不同，在服务质量上存在较大差异。域内节点处在同一个局域网内，网络带宽和服务质量有较好的保证，而且可以利用IP组播技术来进行数据传输，域间节点分布在广域网范围内，受到路由和网络设备的条件限制，不同的网络连接服务质量差异很大，而且不稳定。在设计基于广域网的分布交互仿真时，应该从这两种层次的通信特点出发，综合考虑数据分布模型，在此基础上设计进行域内和域间数据转发机制。针对分布式交互仿真的这些特点，我们设计了一种基于广域网网关的多对多组播传输模型MDM（Multiple Domain Model），该模型采用网关模型的网络结构，在局域网域内和广域网域间根据网络条件和应用需求采取不同的组播传输方式，通过设置广域网网关节点来解决仿真节点跨广域网域间互联的问题。

2.3.1 MDM模型总体

我们所研究的分布交互仿真系统是一种多域互联的分布式系统，在多个局域网内分布着多个仿真节点，这些节点之间通过组播的方式进行数据传输，跨广域网的分布交互仿真系统示意图如图2-9所示。

图2-9中多个局域网可以分别完成各自的仿真任务，也可以将多个局域网联合起来完成更大规模的分布式交互仿真任务。各个局域网内的终端性能不同，其与Internet互联的带宽、延迟也各不相同，既有高性能高传输的主机集群，也有低性能低传输的移动终端设备。因此采用何种方式将它们连接起来，才能更好地共享信息，更高效地协同完成仿真任务，成为大规模分布交互仿真系统扩展性的关键。

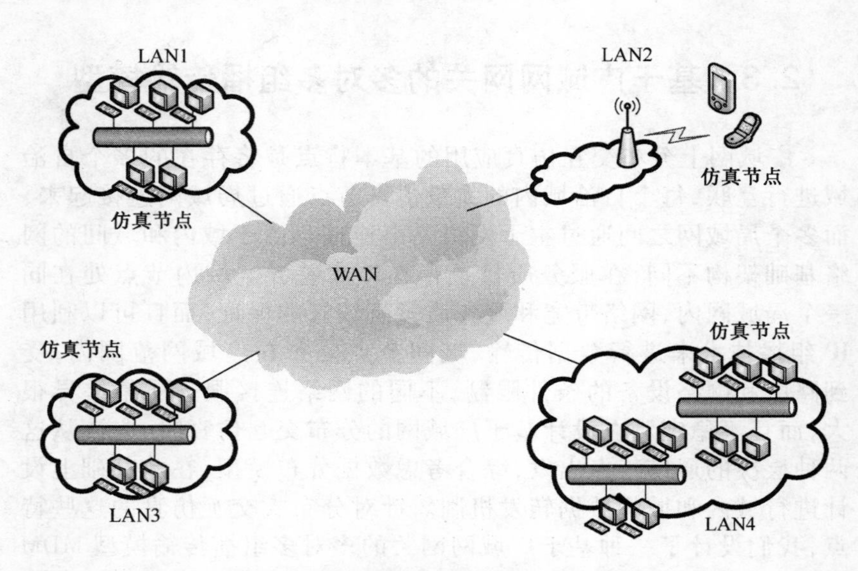

图 2-9　跨广域网的分布交互仿真示意图

基于广域网网关的多对多组播传输模型，在分布交互仿真中的每个局域网中设置广域网网关节点 MDG(Multiple Domain Gateway)，网关节点负责各个组播域间跨广域网通信，每个组播域内的仿真节点都将通过本局域网的网关节点与广域网上其他局域网内的仿真节点进行数据通信。各个广域网网关节点基于各自的带宽、延迟要求，在逻辑上构成了一个延迟带宽约束的覆盖网拓扑结构，基于广域网网关的多对多组播传输模型如图 2-10 所示。

在图 2-10 的基于广域网网关的多对多组播拓扑结构中，每个局域网内均存在一个网关节点。在各局域网的仿真节点上运行的是参与分布交互仿真的仿真应用程序，程序通过生成仿真对象实例，对仿真对象属性进行更新，仿真对象之间进行交互，从而完成仿真任务。局域网内的仿真节点之间通过基于 IP 组播的方式进行通信，是一种对等结构的网络模型，网关节点需要负责不同局域网间的仿真节点的通信工作，是不同局域网的仿真节点通信的桥梁。

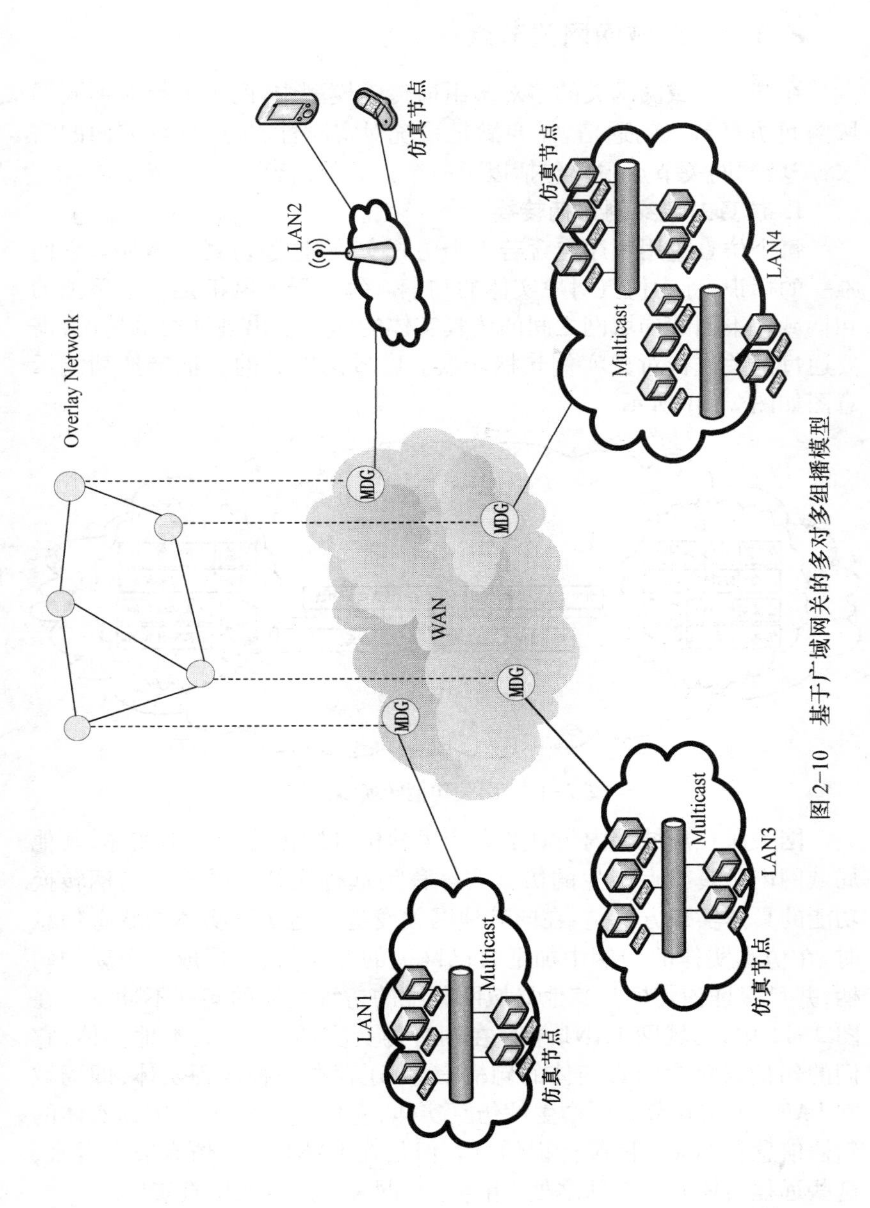

图 2-10　基于广域网关的多对多组播模型

2.3.2 广域网网关节点

在基于广域网网关的多对多组播传输模型中,网关节点对不同局域网间仿真节点的通信,需要满足系统对实时性、扩展性等方面的需求,广域网网关节点主要包括以下三个方面的内容。

1. 仿真对象实例句柄转换

每个仿真应用程序包含若干个仿真实体,这些仿真实体都有它们唯一的标识,称为仿真对象实体的句柄。每个局域网都是一个单独的句柄域。不同的局域网之间的仿真实体的句柄会出现冲突的情况,需要通过网关进行对象实例句柄转换。广域网网关的句柄转换功能示意图如图 2-11 所示。

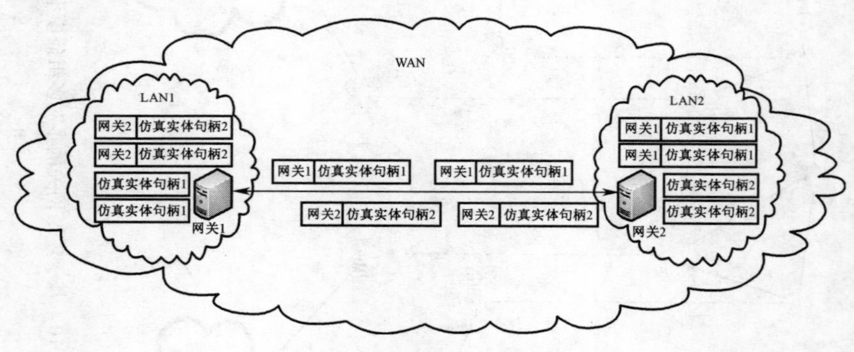

图 2-11 网关句柄转换示意图

网关所在局域网内仿真节点产生的仿真实体称为本地实体,其他局域网内仿真节点产生的仿真实体称为远程实体。网关的句柄转换功能的具体实现方式是:在向其他网关发送本地仿真实体的状态信息时,在仿真实体的句柄中加上自己网关的标识信息,形成一个新的句柄,并且保证该句柄与其他局域网分配的仿真实体的句柄不冲突。在图 2-11 中,局域网 LAN1 中存在两种仿真实体,一种是本地实体,它们的句柄仅包含仿真实体的句柄信息;还存在一种远程实体,即局域网 LAN2 中仿真节点所产生的仿真实体,它们的句柄包含仿真实体的句柄信息和相应的网关标识信息。但是在 LAN1 中的仿真节点看来,这些远程实体并无特殊之处,相当于是网关 1 产生的仿真实体。

对象实例的句柄是RTI句柄、节点句柄和对象句柄移位拼接而成的，按照此方法产生的仿真实体的句柄为如图2-12所示。

RTI Handle(9)	Federate Handle(10)	Instance Handle(13)

图2-12　本地仿真实体句柄

图2-12中，本地仿真实体的对象实例句柄由9位RTI标识信息、10位节点标识信息和13位实体标识信息组成，共32位。当网关收到该实体的状态信息，并需要将它转发给其他网关时，经过句柄转化功能，还原出对象实例句柄所包含的三部分标识信息，再将其重新转换后的句柄格式如图2-13所示。

1	Gateway Handle(4)	RTI Handle(8)	Federate Handle(8)	Instance Handle(11)

图2-13　远程仿真实体句柄

图2-13中，“1”为远程对象的标识，因为原来的RTI标识信息的第一位不为1(每个局域网最多的RTI数目为255)，保证其不会与原来的句柄分配方式所产生的句柄冲突。前5位信息只是网关可见的，网关可以获得该信息的具体内容，而其他的仿真节点只会将句柄按照原来的格式理解。经过网关的句柄转换功能后的远程仿真实体的句柄共32位，分别由1位标志位、4位网关标识信息、8位RTI标识信息、8位节点标识信息和11位实体标识信息组成。

2. 域间组播通信

分布交互仿真需要支撑大量地理分布的用户同时在线交互，并且共享一致的虚拟环境。分布交互仿真各个节点的性能差异导致了仿真节点对延迟带宽的不同要求，因此需要构建基于网关节点的应用层覆盖网拓扑，并提供延迟带宽约束的转发算法满足分布交互仿真的需要。网关节点是连接各个局域网的桥梁，因此组播数据的转发功能是网关必须具备的功能。

3. 数据过滤

在广域网上仅依靠网络速度和主机处理能力的提高无法完全解决扩展性问题，必须从软件方面着手采取措施，网关节点必须具备相关功能来减少网络带宽的占用量。减少网络带宽占用量的数据过滤技术有兴趣过滤、位置外推(Dead Reckoning)、数据打包压缩等,这些技术都能在一定程度上减少网络的带宽占用量,但是消耗的系统资源和时间代价不同,广域网上的分布交互仿真对实时性的要求高,网关节点本身的负载较重,因此考虑到不同技术的代价问题,选择通过兴趣过滤技术对域间数据通信进行数据过滤。

2.4 基于广域网网关的域间组播通信

在 MDM 模型中,广域网网关节点最主要的任务就是域间的组播通信。我们对网关节点之间的组播传输问题进行了抽象,并给出一种基于延迟带宽约束的多对多组播路由算法。

2.4.1 问题建模

我们对广域网网关节点的组播通信问题进行了抽象与建模。从图 2-14 中的基于广域网网关的多对多组播传输模型,将负责各局域网域间传输网关节点抽象为节点 v_i,节点之间的直接链路抽象为节点的连线 $e_{i,j} = < v_i, v_i >$,如果两个节点不直接可达,则其连线不存在。将节点的拓扑结构抽象为图 $G = < V,E >$。E 表示边 $\{e_{i,j}\}$ 的集合。如图 2-14 所示,$v_1, v_2, \cdots$ 表示网关节点,$e_{1,3}, e_{3,6}, \cdots$ 表示网关节点之间存在的直接链路。

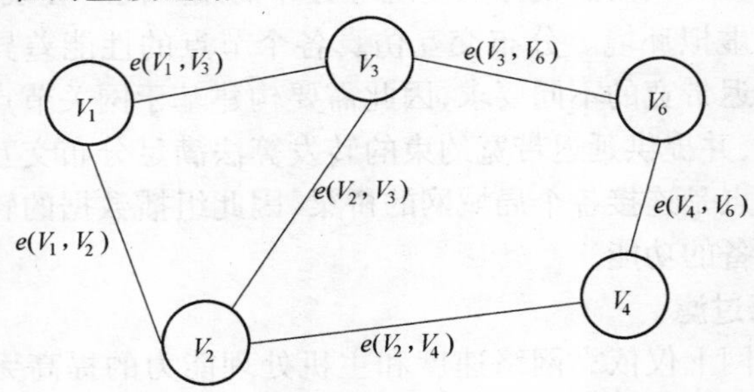

图 2-14 基于广域网网关的多对多组播拓扑结构

首先进行符号描述。

令节点集合 $V = \{v_i\}$，表示 n 个网关节点的集合。

令边集合 $E = \{e(v_i, v_j)\} = \{ <v_i, v_j> \mid 1 <= i, j <= n\}$，表示图中所有边的集合。

令 $d(e(v_i, v_j))$ 表示边 $e(v_i, v_j)$ 的传输延迟，对于任意边 $e(v_i, v_j) \in E, d(e(v_i, v_j)) > 0$。

令 $b(e(v_i, v_j))$ 表示边 $e(v_i, v_j)$ 带宽，$e(v_i, v_j)$ 的可用带宽 $b(e(v_i, v_j)) > 0$。

令 $p(v_i, v_j)$ 表示从发送节点 v_i 到接收节点 v_j 之间经过的一条路径，表示为边 $e(v_k, v_l)$ 的序列，k, l 为路径经过的节点，可表示为 $e(v_k, v_l) \in p(v_i, v_j)$。如果 v_i 与 v_j 直接可达，则 $k = i, l = j, p(v_i, v_j) = e(v_i, v_j)$。

路径集合 $P(v_i, v_j)$，从发送节点 v_i 到接收节点 v_j 之间的路径 $p(v_i, v_j)$ 的集合。

定义 2-1　对于任意路径 $p(v_i, v_j)$，该路径的带宽为 $b(p(v_i, v_j)) = \min\{b(e(v_k, v_l))\}, e(v_k, v_l) \in p(v_i, v_j)$；该路径的延迟为 $d(p(v_i, v_j)) = \sum d(e(v_k, v_l)), e(v_k, v_l) \in p(v_i, v_j)$；该路径的跳数为 $j(p(v_i, v_j)) = \sum e(v_k, v_l), e(v_k, v_l) \in p(v_i, v_j)$。

在定义 2-1 的基础上，基于广域网网关的多对多组播路由问题可抽象描述为：

假设任意两个网关节点 v_s, v_r 之间有路径集合 $P(v_s, v_r)$，且它们的带宽限制分别为 B_s、B_r，对于接收节点 v_r，延迟限制为 D_r，则可以将网关节点的路由问题抽象描述为，对于网关节点 v_s, v_r，寻找路径 $p(v_s, v_r)$，使其满足以下条件：

(1) 延迟：$d(p(v_s, v_r)) \leqslant D_r$。

(2) 带宽：$b(p(v_s, v_r)) \geqslant \max(B_s, B_r)$。

(3) 跳数：$j(p(v_s, v_r)) = \min j(P'(v_s, v_r))$，$P'(v_s, v_r)$ 为满足条件 (1) 和 (2) 的 $p(v_s, v_r)$ 的集合。

2.4.2　基于延迟带宽约束的多对多组播路由算法

基于延迟带宽约束的多对多组播路由算法（DBMMR）根据网关

节点的延迟带宽约束条件,选择最优路径进行报文转发。当各个域内的网关节点加入到广域网组播传输模型中时,构建初始路由拓扑结构。当有网关节点发生更迭时,需要进行拓扑更新。当各个组播域内的仿真节点向网关节点注册并发送组播报文时,网关节点需要通过报文转发算法进行报文转发。下面分别对这三个方面进行介绍。

1. DBMMR 拓扑初始化过程

拓扑的初始化主要处理广域网网关节点(以下算法中简称"节点")的加入过程。新节点首先广播加入请求,当拓扑中的节点接收到其他节点的申请后,对请求中的路径延迟进行计算,如果延迟和带宽均满足约束条件则将该链路添加到可达路径中,然后将该请求及更新的延迟记录转发给其他的网关节点,并更新自己的拓扑记录表项,依此类推,直到路径延迟超过约束条件的限制,则将路径信息返回给上一节点,直至到达初始的新节点。

v_s向所有节点发送申请加入请求,该请求信息包括节点的延迟-带宽要求 $v_s(D_s, B_s)$,该消息经过的路径 $p(v_i,v_j)$,该路径的延迟 $d(p(v_i,v_j))$和经过的跳数 m。如果 v_i是第一个节点,则经过路径的延迟和跳数均为0。直接转入步骤(5),否则进入步骤(1)。

(1) 当现有拓扑中的仿真节点 v_i收到 v_j转发的 v_s申请加入的请求后,首先将节点 v_i,v_j之间的延迟 $d(e(v_i,v_j))$添加到 v_s消息的路径延迟中,即 $d(p(v_s,v_i))= d(p(v_j,v_s))+ d(e(v_i,v_j))$,同时路径跳数增加 $j(p(v_s,v_i)) = j(p(v_s,v_j)) + 1$。

(2) 判断此时的路径延迟 $d(p(v_s,v_i))$ 是否小于等于 D_s,且带宽 $b(p(v_s,v_i)) >= \max(B_s,B_i)$,如果是,则转入步骤(3)。如果不是,则转入步骤(5)。

(3) 将路径 $e(v_i,v_j)$ 添加到 v_s 的路径 $p(v_s,v_i)$ 当中。

(4) 将 v_s 的申请加入请求转发给 v_i 的所有邻居节点。转入步骤(6)。

(5) v_i 将不包括当前节点的路径信息返回前一节点 v_j。

(6) 结束。

该过程用伪代码描述为:

```
struct PathRecord                       //路径记录
{
    int jmpCount;                       //路径中的跳数
    unsigned int path[256];             //路径中从源点到终点的所有节点 ID
    float totalDelay;                   //路径的时延
};
//收到拓扑初始化消息的处理
//i 节点收到 j 节点的初始化信息,以及 j 回复的 i 到 j 路径
void topology _ init ( Node i, Node j, unsigned PathRecord *
j.path,enum MSG_TYPE type)
{
    type=PATH_MSG                       //正常路径消息
    PathRecord ij=new PathRecord;
    ij.totalDelay=getDelay(i,j)+j.path.totalDelay;
                                        //路径时延更新
    ij.jmpCount=j.path.jmpCount+1;
                                        //增加路径跳数
    ij.addNodeToPath(i);                //增加节点到路径
    if((ij.totalDelay<DELAY_LIMIT) &&(j.bandwidth>MAX_BW))
    {//符合时延和带宽要求
      AddPath(i,ij);                    //加入 i 节点的路径集合中
      SendToNeighbor(i,ij,type);
    }
    else
    {
                                    //不符合约束条件,则返回消息给前一
                                      个节点
      j.path.totalDelay=ij.totalDelay-getDelay(i,j);
                                    //路径总时延计算至前一节点
      RollBack(j,i,ij);
    }
    return;
}
```

当每个广域网网关节点均经过初始化之后,则对于任意节点 v_i,节点 v_s 均保存了一个符合其延迟要求的路径集合 $P(v_s,v_i)$。

2. DBMMR 拓扑更新过程

当节点 v_s 的延迟–带宽约束要求发生变化,或者节点发生失效退出的情况时,需要对整个网关组播拓扑结构进行更新。如果延迟要求小于原延迟约束时,原有的拓扑均满足新的延迟约束,此时不需要执行拓扑的更新,直接抛弃该更新消息;如果延迟要求大于原延迟约束,则需要对路径集合 $P(v_s,v_i)$ 之外的链路延迟进行判断,添加满足条件的路径集合。更新过程如下:

(1) 节点 v_s 的延迟 – 带宽要求改变为 $v_s(D'_s, B'_s)$,判断 D'_s 是否大于 D_s,如果是,则转入步骤(2),如果否,则转入步骤(7)。

(2) 节点 v_s 的延迟要求增加,则原路径集合的路径均符合新的要求,可维持不变。v_s 向邻居节点发送更新请求。

(3) 当现有拓扑中的仿真节点 v_i 收到 v_j 转发的 v_s 更新申请求后,首先将节点 v_i,v_j 之间的延迟 $d(e(v_i,v_j))$ 添加到 v_n 消息的路径延迟 $d(p(v_j,v_s))$ 中,即 $d(p(v_s,v_i)) = d(p(v_j,v_s)) + d(e(v_i,v_j))$,同时路径跳数增加 $j(p(v_s,v_i)) = j(p(v_s,v_j)) + 1$。

(4) 判断此时的路径延迟 $d(p(v_s,v_i))$ 是否小于等于 D'_s,如果是,则转入步骤(5),否则转入步骤(8)。

(5) 将路径 $p(v_i,v_j)$ 添加到 v_s 经过的路径集合当中。

(6) 将 v_n 的申请加入请求转发给 v_i 的所有邻居节点。转入步骤(8)。

(7) 网关节点 v_s 的延迟要求减小,则不满足原延迟要求的路径也不满足更新的路径延迟要求,因此只需对原路径集合中的路径进行判断,剔除所有路径 $p(v_s,v_i),\{d(p(v_s,v_i)) > D'_n\}$。

(8) v_i 将不包括当前节点的路径信息返回前一节点 v_j。

(9) 结束。

该过程用伪代码描述为:

```
void topology_update(Node i,Node j,unsigned PathRecord *
 j.path,enum MSG_TYPE type){
   type=PATH_MSG                    //更新时延消息
   for(int index=1;index<i.pathcount,i++)
   {
          if(samePath(j.path[n],i.path[index])
                                    //如果已经包含了原有路径
             return;
   }


                                    //不包含原有路径
  PathRecord ij=new PathRecord;
  ij.totalDelay=getDelay(i,j)+j.path.totalDelay;
                                          //路径时延更新
  ij.jmpCount=j.path.jmpCount+1;     //增加路径跳数
  ij.addNodeToPath(i);                //增加节点到路径
  if((ij.totalDelay<DELAY_LIMIT> &&(j.bandwidth>MAX_BW)
  {  //符合时延和带宽要求
    AddPath(i,ij);                    //加入 i 节点的路径集合中
    SendToNeighbor(i,ij,type);
  }
  else
  {
    //不符合约束条件,则返回消息给前一个节点
    j.path.totalDelay=ij.totalDelay-getDelay(i,j);
                                      //路径总时延计算至前一节点
    RollBack(j,i,ij);
    }
    return;
}
```

3. DBMMR 路由转发

DBMMR 路由转发是在已经完成初始化的拓扑结构基础上,需要通过算法找到一条最优的路径进行数据转发。我们引入以下定义:

定义 2-2 如果从 节点 v_s 到 v_r 的路径集合 $P(v_s, v_r)$ 中的路径 $p(v_s, v_r)$,其可利用带宽 $b(p(v_s, v_r))$ 满足,$b(p(v_s, v_r)) \geqslant \max(B_s, B_r)$,同时 $d(p(v_s, v_r))$ 是路径集合 $P(v_s, v_r)$ 中延迟最小的一条路径,则称路径 $p(v_s, v_r)$ 为最小延迟约束路径,也称为 DBMMR 转发路径。

引理 2-1 $p(v_s, v_r)$ 是最小延迟约束路径,则 $\forall p(v_i, v_r) \in P(v_i, v_r)$ 为最小延迟约束路径,其中 v_i 为 $p(v_s, v_r)$ 中的任意中间节点。

证明:采用反证法。

假设路径 $p(v_s, v_r)$ 是 v_s, v_r 的最小延迟约束路径,存在路径 $p(v_i, v_r)$ 的中间节点 v_i,$p(v_i, v_r)$ 不是从 v_i 到 v_r 的最小延迟约束路径。

从定义 2 - 2 可以找出路径 $p'(v_i, v_r)$ 为节点 v_i 到 v_r 的最小延迟约束路径。

则存在路径 $p'(v_s, v_r)$,满足 $d(p'(v_s, v_r)) < d(p(v_s, v_r))$。

则 $p(v_s, v_r)$ 不是 v_s 到 v_r 的最小延迟约束路径,与假设矛盾。

所以对于路径 $p(v_s, v_r)$ 的中间节点 v_i,$p(v_i, v_r)$ 是从 v_i 到 v_r 的最小延迟约束路径。

证毕。

定义 2-3 最小延迟约束路径 $p(v_s, v_r)$ 可为一条或多条,则称 $p(v_s, v_r) = \min\{ j(P(v_s, v_r)) \}$ 为最优选择路径。

引理 2-2 $p(v_s, v_r) = \min\{ j(P(v_s, v_r)) \}$, $\exists p'(v_s, v_r)$, $d(p'(v_s, v_r)) < d(p(v_s, v_r))$,只有在所有路径延迟相等的条件下,最优选择路径等同于是跳数最少路径。

证明:采用反证法。

假设跳数最少路径 $p(v_s,v_r)$ 为 v_s 到 v_r 的性能最优路径,即最小延迟路径。

由路径跳数定义可知,路径 $p(v_s,v_r)$ 的跳数:$j(p(v_s,v_r)) = \min j(P(v_s,v_r))$,$P(v_s,v_r)$ 为满足条件 $d(p(v_s,v_r)) \leqslant D_r$ 和 $b(p(v_s, v_r)) \geqslant \max(B_s,B_r)$ 的 $p(v_s,v_r)$ 的集合。

因此,存在路径 $p''(v_s,v_r)$,使 $d(p''(v_s,v_r)) \leqslant d(p(v_s,v_r)) \leqslant D_r$,且 $j(p(v_s,v_r)) \leqslant j(p''(v_s,v_r))$。

则 $p''(v_s,v_r)$ 为 v_s 到 v_r 的最小延迟路径。与假设矛盾。

则跳数最少的路径并不一定是性能最优路径。

当条件满足所有路径延迟相等时,设每条链路的延迟为 d,

则 $d(p(v_s,v_r)) = d * j(p(v_s,v_r))$。

当 $p(v_s,v_r)$ 为跳数最少路径时,$j(p(v_s,v_r))$ 的数值最小。

则 $d(p(v_s,v_r))$ 也为最小延迟路径。

证毕。

定理 2-1 如果 $\exists p(v_s, v_r) \in P(v_s, v_r)$,$p(v_s, v_r)$ 是最优选择路径,则对于任意网关节点,DBMMR 算法至少可以找到一条最优选择路径。

证明:

如果存在路径 $p(v_s,v_r)$ 为 v_s 到 v_r 的最优选择路径,则 $d(p(v_s, v_r)) = \min\{ p(v_s,v_r) \leqslant D_r, b(p(v_s,v_r)) \geqslant \max(B_s,B_r)\})$。

由 DBMMR 拓扑初始化及更新算法可知,每一节点的路径集合 $P(v_s,v_r)$ 的路径均满足 $p(v_s,v_r) \leqslant D_r, b(p(v_s,v_r)) \geqslant \max(B_s,B_r)$。

由定义 2-3 可知,DBMMR 转发规则选择路径集合 $P(v_s,v_i)$ 中延迟最小的一条路径 $p(v_s,v_r)$,则 $d(p(v_s,v_r)) = \min\{p(v_s,v_r) \leqslant D_r\}$。

则 DBMMR 算法至少可以找到一条选择最优路径。

证毕。

最优路径问题是一个典型的 NP 问题,由定理 2-1 可知,如果存在符合延迟带宽约束的路径集合,则延迟带宽约束的多对多组播路由 DBMMR 算法可以找到至少一条最优路径进行报文转发,使延迟带宽符合约束条件的限制。

2.5 基于可靠服务节点的域内可靠组播模型

基于 IP 组播的多对多可靠组播在分布交互仿真应用领域是一个关键问题,问题的难度主要是和网络拓扑、节点组通信关系、数据量、实时性要求等因素相关的,在一定规模内实现基于 IP 组播的多对多可靠组播是可行的。分布交互仿真中的局域网组播通信具有其自身的特点:网络拓扑一般为平面结构;组通信为多对多组播,组播组成员关系较复杂且随着仿真的进行会动态变化;仿真节点往往既是发送方又是接收方,需要参与仿真环境构建的计算任务,主机节点的负载较重,容易产生拥塞。由上述特点可以看出,采用端到端的可靠协议很难保证系统运行的效率,在系统规模扩大的情况下性能有可能急剧恶化。

2.5.1 域内可靠组播模型总体结构

针对仿真节点负载高的情况,为了有效保证数据传输可靠性,我们通过专用的可靠服务节点负责组播组管理和可靠报文的备份、重传等工作,在此基础上进行丢包恢复和拥塞控制,将多对多的组播转化为多对多与一对多结合的组播结构,使可靠性保障机制对仿真节点计算开销占用较小。该模型的整体结构如图 2-15 所示。

在图 2-15 中,可靠组播模型有三大组成部分:主控服务器(Management Server,MS)、可靠服务节点(Reliable Server,RS)、仿真节点(Multicast Node,MN)。其中,主控服务器是整个组播模型的管理者,担负了系统初始化的配置工作,并负责指派各可靠服务节点及仿真节点之间的对应关系。可靠服务节点是提供可靠性保证的承担者,其数量可以根据仿真规模的大小进行配置,并结合负载平衡机制防止出现系统瓶颈。仿真节点主要功能包括丢包检测,并根据报文传输要求进行报文恢复策略的选择,拥塞检测并将拥塞状态及时反馈给可靠服务节点。不同类型的数据对底层通信报文传输有不同的要求,模型将这些报文传输属性分为可靠性、有序性和实时性三个方面,可靠组播模型在报文接收处理的过程中将根据报文传输属性确定报文的丢包恢复策略。

在模型中存在多个可靠服务节点,当某个可靠服务节点负载过大时,主控服务器在多个可靠服务节点之间进行负载平衡的调整,接收可靠服务节点的迁移请求,并通知其他的空闲可靠服务节点准备接受迁移。空闲的可靠服务节点加入其将要迁入的组播组,开始对其进行报文备份。可靠服务节点迁移过程如图 2-16 所示。

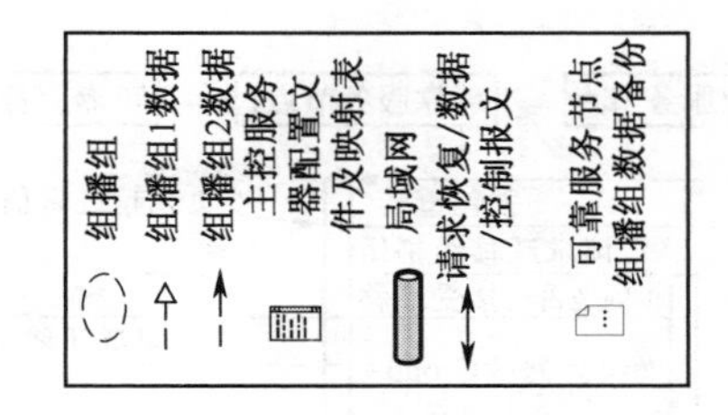

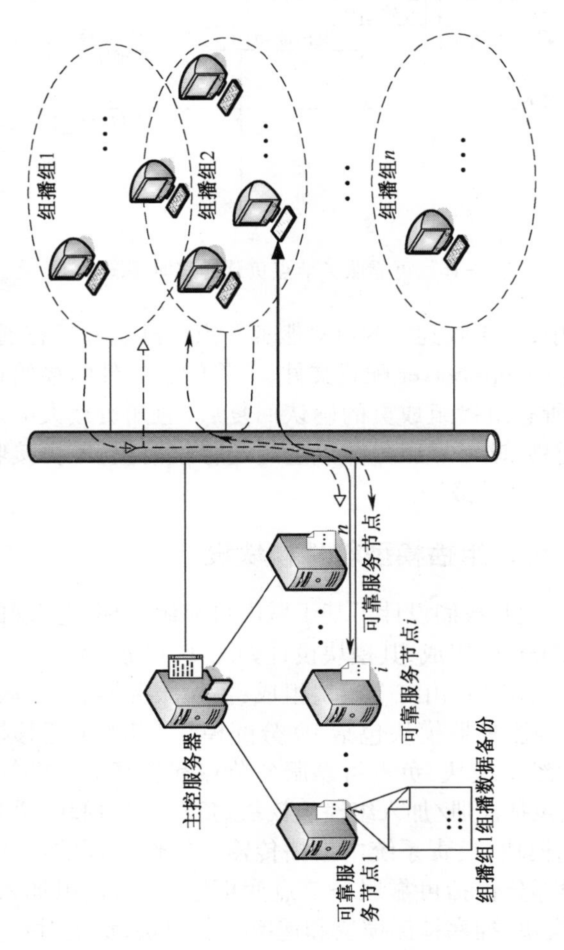

图2-15 多对多可靠组播模型整体结构图

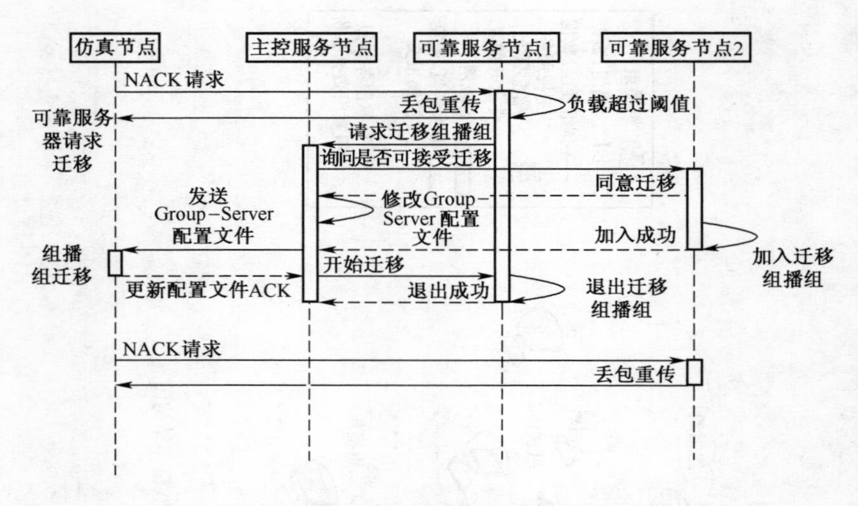

图 2-16　可靠服务节点负载迁移时序图

图 2-16 中,当接收到空闲可靠服务节点已准备好迁移通知后,主控服务器更改 Group-Server 配置文件,并将配置文件组播给该仿真节点,当接收到所有组播组成员的确认回复后,通知负载大的可靠服务节点组播组迁移,该可靠服务节点退出迁移组播组,不再接收该组播组报文。组播组迁移成功。

2.5.2　可靠组播模型软件模块设计

根据上述模型,我们设计了基于域内可靠组播模型实现的可靠组播模型软件 RMSP 的组成,其模块设计如图 2-17 所示。

图 2-17 中,RMSP 由三个模块组成:主控服务器、可靠服务节点、仿真节点。主控服务器模块包括 ID 分配模块、组播组迁移模块和组播成员信息的维护模块,负责可靠服务节点和仿真节点的管理任务;可靠服务节点包括注册/加入组播组模块、负载迁移模块、丢包恢复模块和拥塞控制模块,负责系统中组播传输可靠性保证的任务;仿真节点的可靠传输部分包括可靠服务节点变更模块、组播组加入/退出模块、丢包检测模块、拥塞检测模块和速率控制模块,负责对自身的丢包

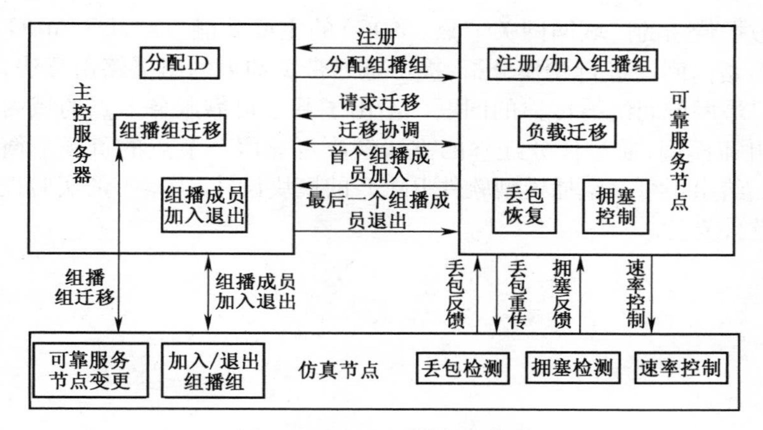

图 2-17 RMSP 模块设计图

和缓冲状态进行检测,及时将丢包反馈和拥塞反馈发送给可靠服务节点。其中,可靠服务节点是提供可靠服务的主体,负责备份报文并且对仿真节点丢包进行丢包恢复。可靠服务节点接受仿真节点的组播,缓存报文备份 pdu;接受仿真节点可靠 UDP 单播,查找相应报文备份发送可靠 UDP 单播给仿真节点;负责维护组播组成员信息;监测仿真节点及自身的丢包状况,调整仿真节点发送速率;监测自身负载情况,超过负载阈值向主控服务器请求迁移。

丢包恢复算法涉及可靠服务节点和仿真节点之间的通信,包括丢包反馈和丢包重传的数据报文传输。拥塞控制算法由可靠服务节点进行拥塞控制,它对仿真节点的丢包反馈信息和拥塞反馈进行处理,并对仿真节点的速率进行控制。丢包恢复算法和拥塞控制算法是 RMSP 中的两个核心算法,是我们研究的重点。

2.6 小 结

本章给出了一种基于广域网网关的多对多组播传输模型(MDM)。该模型根据分布交互仿真网络的特性将其划分为局域网域内和域间两个层次,采取不同的组播传输技术以适应分布时交互仿真的需求。给出了 MDM 的整体结构,介绍了 MDM 中负责进行域间组播数据传输的广域网网关节点(MDG)的主要功能。对基于 MDG 的组播路由问题进行建模分析,提出延迟带宽约束的组播路由算法,解决广域网域间组播传输的问题。给出了基于可靠服务节点的域内可靠组播模型,通过任务迁移的方法解决可靠服务节点的负载平衡问题。给出了可靠组播模型软件 RMSP 的模块设计,为本书的实验提供了软件支持。

第三章

基于发布/订购的域间数据过滤算法

基于广域网网关的多对多组播传输模型中，广域网网关节点是各局域网之间通信的桥梁，分布交互仿真的仿真节点交互频繁、通信量大，应用的特点导致仿真节点之间存在大量无关信息通信。本章分析了 HLA 标准规范的数据过滤机制原理，给出一种基于发布/订购的数据过滤算法，该算法通过构建发布/订购关系图建立网关节点的数据过滤关系，在保障数据过滤的同时减少了网关节点匹配计算的负载，实现了分布交互仿真的域间数据过滤。

3.1 引　　言

数据过滤的依据是仿真实体的局部特性，即仿真实体只与系统中的部分实体发生交互，只能感知和影响其周围有限范围内的仿真实体，我们称此范围内的实体为实体的“感兴趣集”，其范围被称为“感兴趣区域”，感兴趣集内部的实体间才需要仿真信息的交互，而忽视感兴趣集外的其他的仿真实体。在现实世界中这种现象很常见，如模拟战场中的交战区域，武器的探测和作用区域及协同工作中的工作组等，都可以构成感兴趣区域。大规模分布交互仿真中，一个实体的感兴趣集一般只占仿真系统实体集的一小部分，不管仿真规模大小，实体只接收感兴趣区域范围内的信息[52]。如地面战场装甲车辆的对抗演习，战场区域的扩大意味着实体规模的增加，但受模型的视野、射程及物理空间限制,其所交互的实体数量随着规模的增加而趋于稳定,而并不随规模增长而线性增长[37,40]。

分布交互仿真存在的这种重要特性使得采用数据过滤机制成为可能,通过只给部分对象发送消息可以有效地减少系统通信量。节省的网络带宽可以用来支持更多的用户,从而提高了系统的规模。数据过滤的目的主要有两个:一是尽可能减少不相关数据的产生,以减少网络带宽的占用;二是降低仿真节点接收冗余数据时引起的处理开销。通过数据过滤机制可以减少不相关对象之间不必要的通信,从而减少整个虚拟环境的网络通信量,减少主机资源被不相关数据的占用量,增强构建大规模虚拟环境的能力,是解决扩展性问题的关键技术之一[54]。

本章将发布/订购模型应用到面向分布交互仿真的域间数据过滤机制中,通过基于发布/订购的匹配算法对网关节点之间的数据通信进行过滤,降低了各个网关之间的网络负载,同时减轻了网关节点数据处理的负载。

3.2 兴趣过滤技术及其发布/订购机制

在这一节中,我们对分布交互仿真中几种的主要数据过滤技术进行概述。这几种技术包括 DR 推算(Dead-Reckoning)、数据压缩、报文合并及兴趣过滤技术。

DR 算法的目的是在保证一定精度的前提下减少仿真实体状态更新报文的数量,以减少网络带宽占用和消息处理负载。其方法是设置仿真实体的外推模型,该模型是一个低精确度的模型,即对仿真实体状态的更新频率较低。在本地仿真节点和远程仿真节点均运行该外推模型,当仿真实体状态与外推模型计算的实体状态保持一致时,则不需要发送仿真实体的状态更新消息。当实体状态与外推模型计算的结果偏差较大时,进行状态更新消息的发送。DR 算法的实质是以部分地牺牲系统一致性的方法来实现通信优化,同时 DR 算法适用于符合一般运动规律的仿真实体,当实体运动不符合运动规律时,DR 算法的数据过滤效果则无法体现。

数据压缩技术广泛应用于数据存储与传输的各种应用中，压缩技术可以有效地减少数据存储和传输的资源占用，包括主机资源与网络资源。在分布交互仿真中，也可以通过高效的数据压缩和解压缩算法降低数据报文的传输数据量。但压缩和解压缩算法在一定程度上增加了仿真节点的负载，同时增加了数据报文传输的延迟。对分布交互仿真应用来说需要根据实时性的要求进行权衡。

报文合并技术是在根据网络数据报文的统计分析而提出的一种数据过滤算法。分析结果表明，分布交互仿真应用中绝大多数仿真数据报文均为短消息，频繁的消息封装、发送、接收、解包会占用大量的主机资源，同时也降低了网络带宽的利用率。报文合并技术将多个短消息进行合并为一个较长的数据报文进行发送，有效地减少数据报文的发送频率，降低主机资源占用并提高网络带宽的利用率。但报文合并技术人为增加了数据传输延迟，队列前端的报文需要等待后续报文的到达才可以进行合并处理，因此只适用于对延迟要求较低的仿真应用。

以上三种数据过滤技术均能在一定程度上缓解分布交互仿真应用中对系统资源和网络资源的压力，但 DR 推算以牺牲数据一致性为代价，数据压缩和报文合并则牺牲传输的实时性换取总物理流量的降低。分布交互仿真应用的“局部性原理”使得仿真节点之间的数据传输可以通过感兴趣区域的方式进行过滤，这种基于兴趣的数据过滤技术是分布交互仿真中行之有效的减少主机及网络资源占用的方法。

3.2.1　HLA 标准中的 DDM 服务

HLA 框架提供了基于兴趣技术的数据过滤，即数据分发管理服务(DDM)。该过滤机制使仿真实体产生的数据，根据一定规则按需地分发到需要这些数据的仿真节点，有效抑制了冗余数据的产生，减少了带宽占用。在 HLA 框架中，系统通过兴趣的发布(publish)和订购(subscribe)完成数据的分发管理，实现数据过滤。数据分发管理机制将订购区域和发布区域进行匹配，以确定在路径空间中的重叠情况，根据匹配的结果，建立数据通道，分配组播组，然后进行数据传输。组播通信能够很好地适应分布交互仿真中存在的“一对多”和“多对多”

的通信需求,对提高分布交互仿真系统的可扩展性具有重要意义。

HLA 接口规范为 DDM 规定了一系列的名词定义[45]。HLA DDM 1.3 和 DDM 1516 共同的概念有维(dimension)、区间(range)、区域(region),但 DDM 1516 利用相似的概念——区域集合和区域,取代了 DDM 1.3 中区域和限域的概念。下面简介几个相关概念,我们在这些定义的基础上进行数据过滤算法的描述。

路径空间(Routing Space)是维的一个命名序列,该序列构成一个多维坐标系统。

仿真实体利用区域描述向外部发送以及从外部接收数据的需求信息:实体通过发布更新区域(Update Region)表达向外发送数据,利用订购区域(Subscription Region)表达感兴趣接收的数据。更新区域和订购区域的定义如下:

更新区域:也称发布区域(Publish Region),是与一个对象相关联的路径空间中的一个区域。当它的坐标值随时间变化时,就可以表示出该对象在路径空间中随时间的演变过程。一个对象的更新区域可以是路径空间中的一个点,也可以表示为路径空间中的一个子空间。

订购区域:订购信息的仿真节点将其相应的发现范围定义为路径空间中的有界区域,以此来描述该仿真节点的兴趣;订购区域可以随时间的推移改变其位置和大小。

3.2.2 发布/订购区域匹配定义

HLA 提供了基于发布、订购区域的匹配方法[55],它为表达实体间数据需求提供了最为灵活的方式。区域匹配能提供基于类型的数据所不能提供的基于实体属性值的数据声明,因而具有更大的灵活性。

路径空间是一个抽象的多维坐标系统,它有三要素:①坐标系统的维数;②对应坐标系统每一维的路径变量,用于表达感兴趣区域的特征(如地理坐标、运动速度等);③路径变量在每个维度上的定义(如范围、单位刻度等)。仿真实体通过区域集合描述向外部发送的以及从外部接收的数据的兴趣,这通过定义区域集合中的子集——区域实现:实体通过发布区域和订购区域描述待发送和接收数据的约束条件。每个实体待发送和接收的数据都建立起与区域的映射关系,二维的区域集合空间的数据发布与订购示意图如图 3-1 所示。

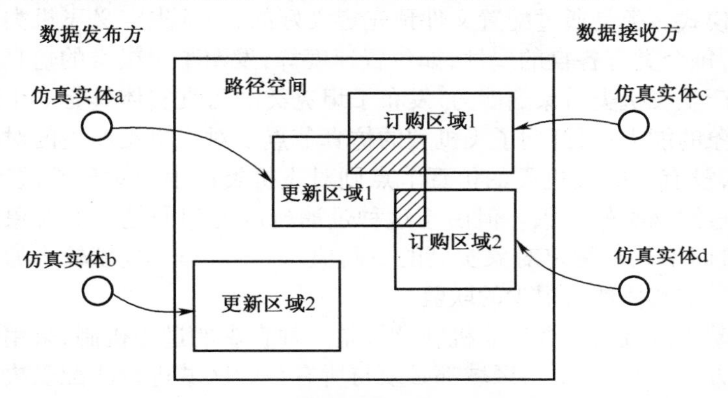

图 3-1　基于路径空间的数据发布和订购

图 3-1 中,可以用以下三元组表示区域、实体、数据之间的关系:〈Region,Entity,Data〉。若两个实体的更新区域和订购区域发生重叠则说明它们存在兴趣关系,过滤算法则根据发布和订购信息确定实体间数据的兴趣关系。过滤算法的执行结果是:实体 b 的更新区域不与任何订购区域相交,因此对 b 产生的数据更新不进行发送;实体 a 的发布区域与实体 c 和 d 的订购区域相交,实体 a 发送的数据将被转发至实体 c 和 d。

通过对发布和订购区域的匹配计算,可以建立数据发送方与接收方的兴趣关系,在此基础上建立发送方与接收方间的数据通道。

3.2.3　基于发布/订购的数据过滤机制

HLA 只规定了过滤信息的描述方式,并没有规定过滤机制的具体实现策略。目前常见的数据过滤实现策略主要包括基于类的数据过滤、基于区域的数据过滤和基于网格的数据过滤三种机制。它们各自有不同的特点和适用范围。下面将分别对这三种数据过滤机制进行简单介绍。

基于类的数据过滤机制[64],该机制通过对象类/交互类的发布和订购来完成,仿真节点只接收其公布的感兴趣的数据。事件是仿真实体之间交换的仿真对象属性及对象间的交互,发布/订购的事件模型、订购模型、匹配算法都是建立在类的基础上的,是一种基于类的发布/订购模式。类是通过配置文件预先定义好的,如预先定义飞机类和坦克类,每个类有各自的属性,如位置速度等,发布了飞机类的仿真实体具有产生飞机类对象的能力,发布了坦克类的仿真实体具有产生坦克类对象的能力;而订购了飞机类的仿真节点仅对飞机类产生的对象感兴趣,没有订购飞机类的仿真节点则对飞机类产生的对象不敢兴趣,可以过滤该类的对象。但由于这种过滤机制得到的是一类对象的更新值,而不只是特定对象实例的更新值,因此适用于规模较小的联盟或每一类实体数目很少的联盟。

基于区域的数据过滤机制[65],是一种直观的过滤机制,采用完全匹配方式,即每个更新区域都必须与所有订购区域进行匹配以决定是否发送数据。不同于基于类的过滤机制,基于区域的数据过滤能够使数据过滤范围更加精细,仿真节点只会接收订购区域的有效数据,不会接收到订购区域以外的同类对象的数据。这种过滤方法的过滤效果虽然更精细,但当订购区域和更新区域数量很大时,区域匹配的运算量将很大,不适合进行大规模分布交互仿真。

基于网格的数据过滤方法[66]提供了一种相对简单的确定兴趣关系的方法,其基本思想是将路径空间划分成粒度相等的网格且每个网格的维数等于路径空间的维数。将区域映射到网格中,为每个网格单元分配一个组播组,如果一个订购区域和一个更新区域重叠,则它们至少覆盖了一个相同的网格,发送方向与其更新区域相交的网格所对应的组播组发送数据,订购方加入与其订购区域相交的网格所对应的组播组。在基于网格的过滤机制中,订购方和发送方不必进行直接交互,节省了大量的区域匹配计算。基于网格的过滤方法易于实现,而且组播组分配算法也比较简单。但这种方法也存在一些问题,例如组播组的分配与网格数目有直接关系,当网格划分过大时,组播组的利用效率较低;当网格划分过小时,系统中组播组的数量过多,导致没有足够的组播地址可供分配。同时网格法还会引起虚假连接和冗余连接的问题。

对于基于广域网网关的多对多组播模型而言,域内的数据过滤通过基于网格的数据过滤机制进行,但是在广域网上应用网格法进行数据过滤却存在着许多问题,比如不同局域网内的网格划分问题、域间组播地址转换问题、数据过滤匹配算法对网关节点路由的影响。我们提出一种基于发布/订购的数据过滤算法,对广域网网关之间的数据通信进行过滤,并通过建立网关节点发布/订购关系图,在保障数据过滤的同时减少了网关节点匹配计算的负载。

3.3　基于发布/订购的域间数据过滤算法

基于发布/订购信息的域间数据过滤算法,在各局域网网格划分基础上,将网关节点的发布/订购信息通过转化,用网格集合进行表示,并在网关节点之间根据发布/订购信息的匹配预先建立数据过滤关系图,简化了数据过滤的复杂性。由于分布交互仿真具有很高的动态性,对于仿真节点发布/订购区域更新的处理也是我们需要研究的内容,如果不能及时对发布/订购区域的更新进行操作,将有可能导致仿真错误的发生,影响分布交互仿真的可靠性。

基于发布/订购的域间数据过滤算法的设计目标是提高网关节点数据过滤效率,降低网关节点的数据过滤负载。由于网关节点负责该局域网内所有仿真节点与其他局域网仿真节点的消息转发,因此对无效信息的过滤效率直接影响到整个广域网分布交互仿真的性能。基于发布/订购的域间数据过滤算法的步骤为:网关节点将局域网仿真节点的发布/订购区域转化为网格集合,对网格集合进行合并用来表示网关节点的发布/订购信息,基于网关节点发布/订购信息生成发布/订购关系图,在网关节点之间建立数据过滤关系,当网关节点发送数据时,通过其保存的发布/订购关系图进行数据的过滤。

3.3.1　符号定义

将全局划分为 $m*n$ 的二维单元网格 G_{mn},定义其单元网格违 $C_{i,j}$。

令 $G_{mn} = \{C_{p,q} \mid 1 \leqslant p \leqslant m, 1 \leqslant q \leqslant n\}$,其中 $p,q > 0$。

令 $< x_{i,\text{lower}}, x_{i,\text{upper}} >$ 表示仿真节点 N_i 的发布区域所覆盖网格在垂直方向的最小值和最大值, $< y_{i,\text{lower}}, y_{i,\text{upper}} >$ 表示仿真节点 N_i 的

发布区域所覆盖网格在水平方向的最小值和最大值。

令 $<x'_{i,\text{lower}},x'_{i,\text{upper}}>$ 表示仿真节点 N_i 的订购区域所覆盖网格在垂直方向的最小值和最大值，$<y'_{i,\text{lower}},y'_{i,\text{upper}}>$ 表示仿真节点 N_i 的订购区域所覆盖网格在水平方向的最小值和最大值。

令 N_i 表示仿真节点，U_i 为仿真节点 N_i 更新区域的网格集合，S_i 为仿真节点 N_i 订购区域的网格集合。

3.3.2　发布/订购区域的转化

我们所讨论的发布/订购区域为映射到二维路径空间的平面区域。由于局域网内可通过 RTI 的数据分发管理进行仿真节点的数据分发，网关节点通过 RTI 接收局域网内的组播数据，再根据所保存的其他广域网网关节点的发布/订购信息进行数据过滤。

网关节点发布/订购信息的初始化，首先需要保存所在局域网内的仿真节点发布、订购信息映射表，用于记录该局域网内所有仿真节点的发布/订购区域信息。对于每个仿真节点，需要过滤两种类型的数据信息——对象的属性和交互，对于每个对象或交互类包含一个更新区域和一个订购区域。为了简化表示，我们以局域网内所有仿真节点均对同一对象类或交互类的发布/订购情况进行说明。

表 3-1 将网关节点所负责的局域网内所有仿真节点的发布/订购区域信息进行汇总，为网关节点的域间发布/订购区域匹配提供初始信息。

表 3-1　局域网仿真节点发布/订购区域记录表

节点	数据格式定义	订购区域	更新区域
N_1	attribute{$x,y,z\cdots$}	$<x'_{1,\text{lower}},x'_{1,\text{upper}}>$	$<x_{1,\text{lower}},x_{1,\text{upper}}>$
	interaction{fire,distroy…}	$<y'_{1,\text{lower}},y'_{1,\text{upper}}>$	$<y_{1,\text{lower}},y_{1,\text{upper}}>$
N_2	attribute{$x,y,z\cdots$}	$<x'_{2,\text{lower}},x'_{2,\text{upper}}>$	$<x_{2,\text{lower}},x_{2,\text{upper}}>$
	interaction{fire,distroy…}	$<y'_{2,\text{lower}},y'_{2,\text{upper}}>$	$<y_{2,\text{lower}},y_{2,\text{upper}}>$
…	…	…	…
N_n	attribute{$x,y,z\cdots$}	$<x'_{n,\text{lower}},x'_{n,\text{upper}}>$	$<x_{n,\text{lower}},x_{n,\text{upper}}>$
	interaction{fire,distroy…}	$<y'_{n,\text{lower}},y'_{n,\text{upper}}>$	$<y_{n,\text{lower}},y_{n,\text{upper}}>$

定义 3-1 发布网格集合 U_i 为所有满足以下条件的网格的集合：$U_i = \{C_{p,q} \mid x_{i,\text{lower}} \leqslant p \leqslant x_{i,\text{upper}}, y_{i,\text{lower}} \leqslant q \leqslant y_{i,\text{upper}}\}$，订购网格集合：$S_i$ 为所有满足以下条件的网格的集合：$S_i = \{C_{p,q} \mid x'_{i,\text{lower}} \leqslant p \leqslant x'_{i,\text{upper}}, y'_{i,\text{lower}} \leqslant q \leqslant y'_{i,\text{upper}}\}$。

由定义 3-1 可以得出局域网仿真节点发布/订购网格集合表，如表 3-2 所列。

表 3-2 局域网仿真节点发布/订购区域网格集合表

节点	数据格式定义	订购网格集合	发布网格集合
N_1	attribute{$x,y,z\cdots$}	S_1	U_1
	interaction{fire, distroy…}		
N_2	attribute{$x,y,z\cdots$}	S_2	U_2
	interaction{fire, distroy…}		
…	…	…	…
N_n	attribute{$x,y,z\cdots$}	S_n	U_n
	interaction{fire, distroy…}		

表 3-2 中记录了局域网内每个仿真节点的发布/订购区域网格集合。下面以二维的路径空间为例进一步说明，二维的路径空间示意图如图 3-2 所示。

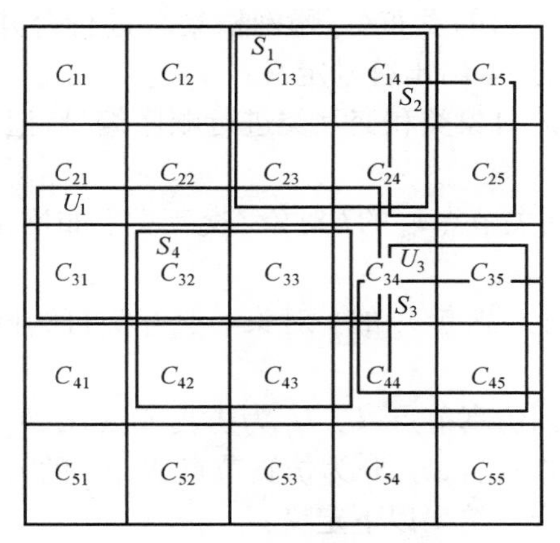

图 3-2 发布/订购区域示意图

图3-2中的分布交互仿真全局划分为25个单元网格，C_{11}，C_{12}，…，C_{55}分别表示单元网格，网格的对应标识标于每个网格的中心。局域网内仿真成员的发布、订购区域的分布情况如图24所示。其中U_1，U_3表示仿真成员N_1和N_3的更新区域，S_1，S_2，S_3，S_4分别表示仿真成员N_1，N_2，N_3，N_4的订购区域，区域的对应标识标于区域的左上角。由定义3-1可以得出各个区域映射到网格集合的情况为：

$$U_1 = \{C_{21}, C_{22}, C_{23}, C_{24}, C_{31}, C_{32}, C_{33}, C_{34}\}$$

$$U_3 = \{C_{34}, C_{35}, C_{44}, C_{45}\}$$

$$S_1 = \{C_{13}, C_{14}, C_{23}, C_{24}\}$$

$$S_2 = \{C_{14}, C_{15}, C_{24}, C_{25}\}$$

$$S_3 = \{C_{34}, C_{35}, C_{44}, C_{45}\}$$

$$S_4 = \{C_{32}, C_{33}, C_{34}, C_{42}, C_{43}, C_{44}\}$$

网关节点将其所负责的局域网内仿真节点的发布/订购信息转化为一系列的网格集合表示，便于网关节点在此基础上进行域间的数据过滤。

3.3.3 网关发布/订购的表示

在仿真节点发布/订购区域转化的基础上，网关节点得到了局域网内仿真节点对象类、交互类的所有发布/订购网格集合，网关节点需要通过对本局域网内的发布/订购网格集合进行合并，表示为网关节点的发布/订购信息。给出符号定义：

对仿真节点的对象类和交互类进行顺序编号，记为k和r，k，r均为正整数。

令$\prod_k^a$表示网关节点v_a的k对象/交互类发布网格集合，称为发布簇。

令ψ_r^a表示网关节点v_a的r对象/交互类订购网格集合，称为订购簇。

令N_i、N_j表示仿真节点，U_i、U_j为仿真节点N_i、N_j的k对象/交互类更新区域的网格集合，S_i、S_j为仿真节点N_i、N_j的r对象/交互类订购区域的网格集合。给出以下定义：

对于仿真节点N_i和N_j，当发布网格集合U_i，U_j均为k对象/交互类时,合并 U_i、U_j 为簇 $\prod_k^a$,$\prod_k^a = U_i \cup U_j$。当订购网格集合 S_i, S_j 均为 r 对象/交互类时,合并 S_i、S_j 为簇 ψ_r^a,$\psi_r^a = S_i \cup S_j$。网关节点 v_a 的发布/订购 簇合并步骤为:

(1) 以 v_a 所在局域网内的任意仿真节点 N_i 为根,对 N_i 与域内其他仿真节点的对满足条件的 k 类发布网格集合进行合并,所得发布簇记为 $\prod_k^a$;

(2) 以 v_a 所在局域网内的任意仿真节点 N_i 为根,对 N_i 与域内其他仿真节点的对满足条件的 r 类订购网格集合进行合并,所得订购簇记为 ψ_r^a;

(3) 当存在仿真节点 N_j,其 U_j,S_j 与 N_i 的 U_i,S_i 均不满足合并条件时,以 N_j 为根,对 U_j,S_j 与域内其他未合并的发布/订购网格集合进行合并;

(4) 依此类推,直到 v_a 所在局域网内的所有仿真节点的发布/订购网格集合均完成合并。

根据以上步骤,网关节点 v_a 对其所负责的局域网内所有仿真节点的发布/订购网格集合进行合并,可以得到网关节点的发布簇集合 $\{\prod_k^a\}$ 和订购簇 $\{\psi_r^\varepsilon\}$。如果该集合为空集,则表示网关节点 v_a 中没有仿真节点发布或订购仿真数据。举例进行说明,如图 3-3 所示。

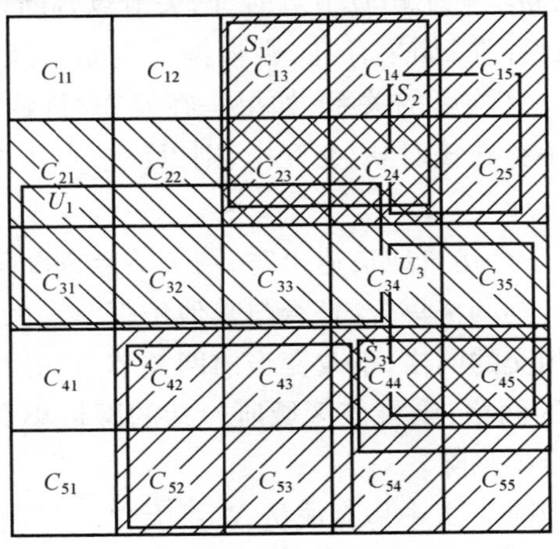

图 3-3　发布/订购簇示意图

如图 3-3 所示分布交互仿仿真中，U_1 和 U_3 为 k 类对象实例发布网格集合，S_1 和 S_2 为 k 类对象实例订购网格集合，S_3 和 S_4 为 r 对象/交互类订购网格集合。网关节点通过合并算法进行网格集合合并。将 U_1 和 U_3 合并为 $\prod_k^a$，S_1 和 S_2 合并为 ψ_k^e，S_3 和 S_4 合并为 ψ_r^a。合并完毕生成的网关节点 v_a 的发布簇为：$\psi_k^a = \{C_{21}, C_{11}, C_{23}, C_{24}, C_{31}, C_{32}, C_{33}, C_{34}, C_{35}, C_{44}, C_{45}\}$。网关节点 v_a 的订购簇为：$\psi_k^a = \{C_{13}, C_{14}, C_{15}, C_{23}, C_{24}, C_{25}\}$，$\psi_r^a = \{C_{42}, C_{43}, C_{44}, C_{45}, C_{52}, C_{53}, C_{54}, C_{55}\}$。

簇更新策略：簇的更新分三种情况讨论，①当域内的仿真节点某对象/交互类更新/订购区域发生变化；②局域网有新增的仿真节点；③局域网内的仿真节点退出。

当域内仿真节点某对象/交互类的更新/订购区域发生变化时，网关节点判断变化的区域对应网格集合是否为所在发布/订购簇集合的子集。如果是，则维持原划分；如果其为其他发布/订购簇集合的子集，则网关节点只需更改相应发布/订购簇对应网格集合，网关节点的发布/订购簇划分不变；当仿真节点的发布/订购区域对应网格集合变化到本网关节点所有发布/订购簇之外时，则将该范围内的网格合并到该对象/交互类的发布/订购簇中。

当局域网内新增一个仿真节点时，网关节点判断该仿真节点的对象/交互类是否已存在，如果存在，则根据其发布/订购网格集合与本局域网内的发布/订购簇的关系，如果是在发布/订购簇集合内，则维持原划分；如果不存在该对象/交互类，则以该节点为根执行簇的合并步骤。

当局域网内一个仿真成员退出时，网关节点判断该仿真节点的所有实例的发布/订购网格集合，是否与其他仿真节点的发布/订购网格集合相交，对于相交的网格，不改变当前网关节点的发布/订购簇的划分；对于不相交的网格，则将该区域所包括的网格集合从网关节点的发布/订购簇集合中删除。

举例说明，当图 3-3 中仿真成员 N_1 扩大它的 k 对象/交互类订购区域 $S_1 = \{C_{12}, C_{13}, C_{14}, C_{22}, C_{23}, C_{24}\}$，于是在网关节点的订购簇 ψ_k^a

中增加这两个网格单元，更新 $\psi_k^\varepsilon = \{C_{12}, C_{13}, C_{14}, C_{15}, C_{22}, C_{23}, C_{24}, C_{25}\}$。当图25中仿真成员 N_2 退出系统，它的 k 对象/交互类订购区域 $S_2 = \{C_{14}, C_{15}, C_{24}, C_{25}\}$，其中 C_{14}, C_{24} 与仿真节点 N_1 的订购区域相交，C_{15}, C_{25} 没有与之相交的网格，所以在网关节点的订购簇 ψ_k^a 中删除这两个网格单元，更新 $\psi_k^a = \{C_{12}, C_{13}, C_{14}, C_{22}, C_{23}, C_{24}\}$。

3.3.4 数据过滤关系的建立

每个网关节点记录了本局域网内的发布/订购簇，通过构建发布/订购关系图建立网关节点之间的数据过滤关系，当接收仿真节点的更新数据时，根据发布/订购关系图进行网关节点之间的数据过滤。该算法简化了更新数据与发布/订购区域的匹配过程，降低了网关节点的匹配计算负载。发布/订购关系图的构建即对网关节点所有簇包含的网格集合的匹配。下面给出定义。

定义 3-2　设订购簇 ψ_k^ε 和 ψ_k^b，当满足条件 $\exists C_{i,j} \in \psi_k^a$，对 $C_{q,p} \in \psi_k^b$，有 $q=i, p=j$ 时，称 ψ_k^ε 与 ψ_k^b 匹配，记为 $\psi_k^a \rightarrow \psi_k^b$。其中 ψ_k^ε 是网关节点 v_a 中的订购簇，ψ_k^b 是网关节点 v_b 中的订购簇，符号“$\leftrightarrow$” 表示匹配。

定义 3-3　对发布簇 Π_r^a，如果 $\exists \psi_r^b$，当满足条件 $\exists C_{i,j} \in \Pi_r^a$，对 $C_{q,p} \in \psi_r^b$，有 $q=i, p=j$ 时，则称簇 Π_r^a 是 ψ_r^b 的订购匹配，记为 $\Pi_r^a \rightarrow \psi_r^b$。其中 Π_r^ε 是网关节点 v_a 中的发布簇，其中 ψ_r^b 是网关节点 v_b 中的订购簇。

在2.4.1节的广域网网关拓扑基础上，结合定义3-2和定义3-3，我们给出 k 对象/交互类发布/订购关系图构建算法的步骤：

(1) 对于网关服务 v_a 中的订购簇 ψ_k^a 和其邻居节点 v_b 的订购簇 ψ_k^b 进行匹配计算。如果 ψ_k^a, ψ_k^b，有 $\psi_k^a \leftrightarrow \psi_k^b$，则在网关节点 v_a 和 v_b 之间构建一条无向边。

(2) 如果 $\exists \Pi_k^a, \psi_k^b$，满足 $\Pi_k^a \rightarrow \psi_k^b$，则将网格节点 v_a 和 v_b 之间的边改为由 v_a 指向 v_b 的单向边。

(3) 对于符合(2)的网关节点 v_a 和 v_b，如果 $\exists \Pi_k^b, \psi_k^a$，满足 $\Pi_k^b \rightarrow \psi_k^a$，则将网格节点 v_a 和 v_b 之间的单向边改为双向边。

(4) 依此类推，对广域网中所有网关节点的发布/订购簇进行匹配计算并根据其关系构建相应的边。

由以上算法，对于仿真节点的所有对象/交互类，网关节点均构建了一个该对象/交互类的发布/订购关系图，当网关节点接收到仿真节点的更新数据时，根据该更新数据所属的类，选择不同的发布/订购关系图进行数据过滤。举例说明，网关节点 N_i 的 k 对象/交互类的发布/订购关系图，如图 3-4 所示。

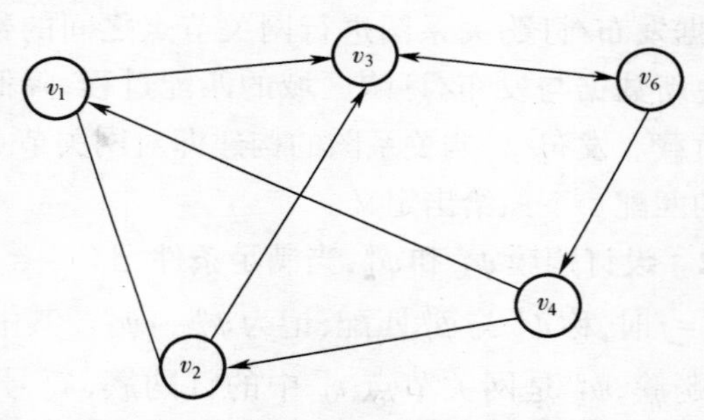

图 3-4　广域网网关的发布/订购关系图

在图 3 - 4 中，由双向边连接的网关节点 v_1 和 v_2 的订购簇匹配，且与 v_4 的发布簇匹配，对于网关节点 v_1 和 v_3，由于 v_3 订购了 v_1 的发布簇，而 v_1 并没有订购 v_3 的任何发布簇，因此 v_1 和 v_3 之间只存在单向通信，v_3 不向 v_1 发送任何更新数据，从而对 v_3 的更新数据进行过滤。

在基于广域网网关的分布交互仿真中，各个网关节点之间是采用应用层组播拓扑连接，并且通过基于延迟 - 带宽约束的组播路由算法进行通信。当网关节点接收到域内仿真节点发送的 k 对象 / 交互类更新数据时，仅向与之存在发布 / 订购关系的其他网关节点转发。如在图 2 - 6 中，当网关节点 v_1 接收到来自本局域网内某个组播组的数据更新信息，首先查询发布 / 订购关系图中与各个网关节点的订购关系，发现存在与 v_2 的无向边和 v_3 的单向边，则发送该数据更新信息给 v_3。当 v_4 的 k 对象 / 交互类更新时，发现存在与 v_2 和 v_1 的单向边，则 v_4

根据基于延迟 - 带宽约束的组播路由算法选择路径，可选择分别发送数据给 v_1 和 v_2，或通过 v_2 将更新转发给 v_1。

3.4 过滤机制的代价权衡

过滤机制的实现伴随一定的开销，并将影响过滤机制的性能。过滤开销包括计算开销（对区域的匹配计算）、网络资源开销（组播地址资源和网络带宽占用）以及组播组的分配与管理等开销。当系统规模增加时，实体定义的区域数量以及组播地址需求量也随之增加，这直接影响区域匹配计算的复杂度、区域信息交换带来的网络开销、组播地址分配管理开销等，进而影响过滤机制的可扩缩性。

基于区域的方法是由发送方根据数据发布/订购信息的描述，确定数据接收方的集合，以决定数据是否发送。这种过滤机制可以最大程度地在数据发送方限制冗余数据的产生。如图 3-5 所示。

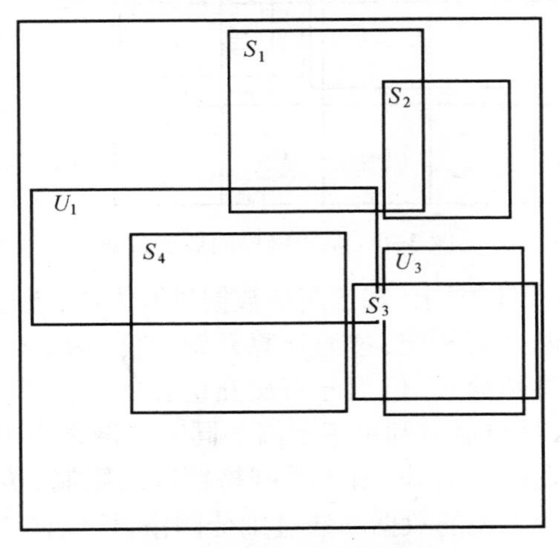

图 3-5　基于区域的数据过滤

由图 3-5 可以看出，随着发布/订购区域的增加，发送方需要对所有仿真节点的发布/订购区域进行匹配，需要过滤大量信息，节点负载迅速增加；如果发布方对更新区域进行更新，那么必须将其与所有节点的订购区域进行匹配，找出与其相交订购区域，当订购区域数目较大，且更新区域变化频繁时，匹配计算的开销是无法接受的。

基于网格的方法将路径空间划分成粒度相等的网格，并为每个网格单元分配一个组播组，发送者向与其发布区域相交的网格对应的组播组发数据，接收者加入与其订购区域相交的网格对应的组播组。网格算法实现简单，发送方和接收方不需要交换过滤信息和匹配计算。如图 3-6 所示。

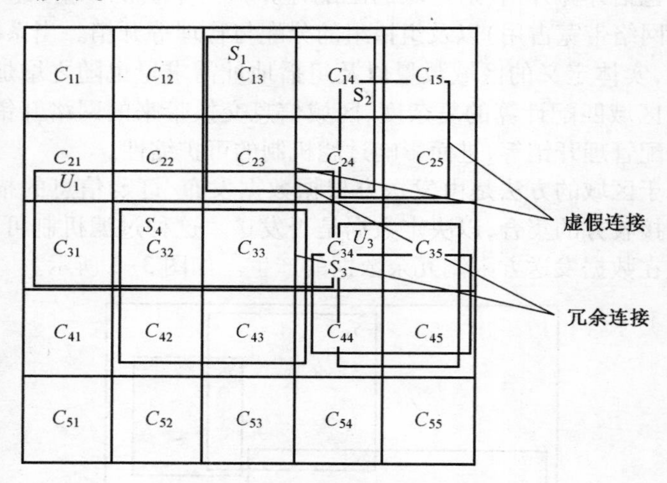

图 3-6　基于网格的数据过滤

从图 3 - 6 可以看出，基于网格数据过滤方法，通过对固定划分的网格操作来判断区域相交，过滤计算开销很低；为每个网格分配组播组的分配算法虽然简单，但当分布交互仿真的规模扩大时，需要较多的组播组数量，且组播组利用率不高。同时以网格为单位的组播会产生冗余数据的发送。另外，由于受网格精度的限制，仿真节点有可能接收到与它自身无关的数据。通过细分网格，可以在一定程度上减少虚假连接的产生，但这将极大地增加组播组的数量，从而引起组播组列表管理费用的增加。以图 3 - 6 为例，图中更新区域 U_1 与订购区域 S_4 覆盖了 C_{32}、C_{33} 两个网格单元，这样，C_{32} 与 C_{33} 分别将 U_1 的数据传送给了 S_4，相同的数据进行了两次传输，U_1 与 S_4 之间发生了冗余连接。另外，U_3 与 S_4 覆盖公共的网格单元 C_{34} 和 C_{44}，因此 U_3 的数据传

给了 S_4，但 U_3 与 S_4 并没有重叠区域，S_4 没有订购 U_3 的数据，它们所建立的连接为虚假连接。

我们的数据过滤算法结合了对基于网格的过滤方法进行了改进，将这些网格集合根据发布/订购关系进行簇的合并，减少了匹配的计算量，合并的簇也降低了冗余数据的发送开销。同时网关节点根据数据过滤算法在构建发布/订购关系图，降低了仿真运行时网关节点用于网格匹配计算的负载。各个网关节点在发布/订购关系图的基础上进行组播数据的过滤。这三种数据过滤算法的比较如表 3-3 所列。

表 3-3　数据过滤算法代价比较表

数据过滤算法	冗余数据	虚假连接	匹配计算开销
区域法	无	无	非常高
网格法	有	有	中
本方法	无	有	较低

从表 3-3 可以看出，该算法的引入在冗余数据发送和匹配计算开销方面均优于基于区域的数据过滤和基于网格的数据过滤算法，但算法由于受网格精度的限制仍然会产生虚假连接，有可能接收到无关的数据。但该部分数据在局域网内的组播组转发时可以被有效地过滤掉，不会影响分布交互仿真的运行。

3.5 小　结

在本章中，我们对 HLA 标准规范下的数据过滤机制原理进行了研究，在基于网格的过滤方法基础上，提出一种基于发布/订购的数据过滤算法，并给出了网关节点发布/订购的表示方法，该算法通过构建发布/订购关系图建立网关节点地数据过滤关系，进行分布交互仿真的域间数据过滤。我们对引入过滤机制所带来的代价进行了权衡，经过分析，基于发布/订购的过滤算法在保障数据过滤的同时减少了网关节点匹配计算的负载，与其他方法相比匹配计算开销较低，并减少了冗余连接的产生。

第四章

基于Sender-Group的域内可靠组播丢包恢复算法

可靠组播要保证组播传输报文的可靠性,当报文传输出现丢失,能否对丢包进行迅速有效的丢包恢复是衡量可靠组播协议的基本标准。本章对组播可靠性保障机制进行了研究,分析了分布交互仿真多对多组播中产生丢包的原因,给出一种基于 Sender-Group 的域内多对多可靠组播丢包恢复方法 BH_RMER。该方法通过可靠服务节点负责报文备份和丢包恢复,适用于仿真节点负载高、组播组动态变化的域内多对多可靠组播。

4.1 引　言

在多对多组播传输模型中,局域网内的仿真节点通信是基于 IP 组播的,因此需要对可靠组播进行研究。能否对丢包进行迅速有效的丢包恢复是衡量可靠组播的基本标准。可靠组播丢包恢复,现有的研究主要基于端到端的一对多可靠组播,由发送方仿真节点负责丢失报文的恢复,加重了仿真节点的负载,导致其发生拥塞从而产生更多的丢包,因此在分布交互仿真系统中很难应用。本章主要研究基于 Sender-Group 的可靠组播丢包恢复算法 BH_RMER,该算法在不增加仿真节点负载的基础上,通过 Sender-Group 的报文编号方法对报文进行编号,使仿真节点可以迅速独立地检测丢包,并通过可靠服务节点及时对丢包进行恢复。理论分析和实验表明该丢包恢复算法可以保证组播数据的可靠性,对带宽和延迟的影响较小。

4.2 相关研究

TCP 协议是 Internet 上的可靠传输协议，我们分析了 TCP 协议的可靠机制，并研究了现有的一些典型可靠组播协议，重点分析了可靠组播协议中的丢包恢复算法。

4.2.1 TCP 协议中的丢包恢复方法

TCP（Transmission Control Protocol，传输控制协议）是专门为了在不可靠的互联网络上提供可靠的端到端字节流而设计的，是 Internet 上应用最为广泛的一种协议[110]，它是我们进行可靠组播研究的基础。虽然 TCP 服务模型中的关键算法不能直接套用到组播传输中，但对我们的研究有重要的借鉴意义。

TCP 具备将在网络传输过程中毁坏、丢失、重复或乱序的报文恢复的功能，采用不同的机制保证网络层及底层的可靠性。网络层的丢包主要是由路由器的排队队列溢出造成的，对于网络层的丢包，TCP 协议通过在每个报文中插入一个 8 位序号及接收方进行反馈（ACK）的机制实现恢复。当发送方传送一个数据段时它会启动一个定时器，当该数据段到达目的端时，接收方的 TCP 实体送回一个携带了确认号的数据段，其中确认号的值等于接收方期望接收的下一个序列号。如果在发送方计时器超时后，仍未收到来自接收方的 ACK，数据将被发送方重传；如接收到的 ACK 与期望值不符，也认为丢包。当接收方收到的报文发生乱序时，通过上述 8 位序号调整报文顺序，并可删除重复报文。以上的丢包检测和恢复机制可保证 TCP 提供可靠的端到端传输。

4.2.2 可靠组播协议中的丢包恢复方法

随着 Internet 上各种新型应用的产生，对传输质量的要求越来越高，很多应用需要高效可靠的传输机制，也出现了大量对组播可靠性的研究。但结构的复杂性导致实现组播的可靠性比实现单播的可靠性复杂得多，下面以反馈类型对可靠组播协议进行分类讨论。按照接收方反馈报文的类型划分,可将可靠组播协议划分为基于确认(ACK)、基于否定确认(NACK)、NACK 与低频 ACK 相结合的协议,以及没有反馈而通过冗余编码进行丢包恢复的可靠组播。

1. 基于 ACK 的可靠组播协议

基于 ACK 的可靠组播协议,要求接收方对正确接收到的报文进行确认,由发送方时刻跟踪所有接收者是否对发送出去的报文进行了 ACK 确认。发送方为已发送的报文维护计时器,收到接收方的确认后停止计时器,计时器超时则认为该报文未被接收方收到。此类协议中,报文的丢失由发送方进行判断,因此又称为发送方发起的丢包恢复。如图 4-1 所示。

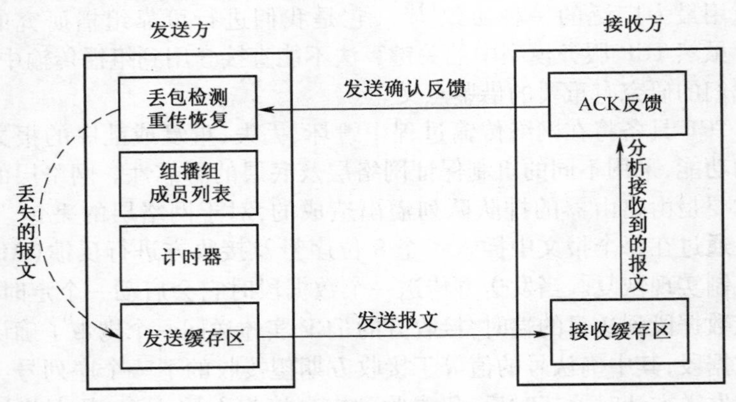

图 4-1　ACK 反馈示意图

从图 4-1 可以看出,这种方式的优点是发送方可以迅速地知道缓存在本地的数据报文哪些已经正确发送到所有接收方并可以抛弃,有利于发送方对其自身数据缓存区的管理。但是通过处理所有接收方发送来的 ACK 报文,来获取信息以及缓存那些没有被接收方 ACK 确认的报文都将大大增加发送方的负载。因此,这种方式不能应用在规模较大的组播传输当中。当组播组的接收者增加到一定数量时,ACK 报文的数量将超出发送方的处理能力,并最终产生 ACK 风暴问题。

为了解决 ACK 风暴问题,J. Baek 等提出了构建 ACK 树,使得所有组播组成员在逻辑上组成一个具有层次关系的组播树,并且通过父节点进行 ACK 汇总。该方法避免了平面结构所有的 ACK 反馈报文都由发送方一个节点处理，一定程度上降低了发送节点的负载，但同时引入了 ACK 汇总传递造成的延迟。早期的 RMTP[101]（Reliable Multicast Transport Protocol）协议采用的就是基于这种机制的丢包恢复。但是由于负载与延迟方面的缺陷，单独使用基于 ACK 反馈一种方式进行丢包恢复的可靠组播协议较少。

2. 基于 NACK 的可靠组播协议

基于 NACK 的可靠组播协议要求接收方将丢失报文的序号反馈给发送方。这种机制不要求发送方监控所有接收的信息，接收方负责丢包检测，当接收方发现丢包时，通过 NACK 反馈报文向发送方进行反馈，请求丢失报文的重传。发送方（或恢复节点）收到丢包反馈后，对指定数据包进行恢复。此类协议中，报文的丢失由接收方进行判断，因此又称为接收方发起的可靠组播。如图 4-2 所示。

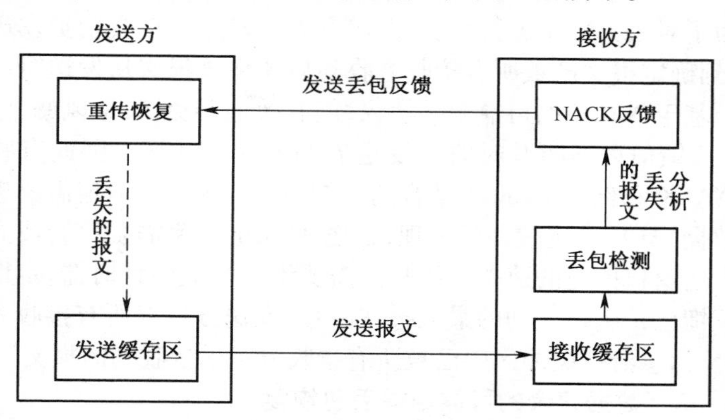

图 4-2　NACK 反馈示意图

从图 4-2 可以看出，采用基于 NACK 反馈的丢包恢复机制使得可靠组播协议具有较好的扩展性，每个接收方监控自己接收到的信息，并且在丢包时通知发送方，大大降低了发送方的负载。但是当大量组播组成员同时发生丢包时，发送节点将要遇到的问题变成了 NACK 风暴，大量的 NACK 报文同样会增加发送方节点的负载，从而影响整个可靠组播协议的性能。

为解决 NACK 风暴问题，多个协议采用加入随机延迟发送 NACK

的算法。接收节点在 NACK 反馈前,计算出一个随机时间,之后等待这段时间后再发送 NACK 反馈报文,如果在等待的这段时间内接收到其他接收方发送的对同一个数据报文的 NACK 反馈,那么它将不再发送 NACK 报文,也就是自身产生的 NACK 报文被其他接收节点抑制。关于推延时间的确定,有根据发送方同接收方距离远近确定的,也有随机确定的,SRM[94](Scalable Reliable Multicast)协议将两种方法结合在一起。对 NACK 报文进行抑制的目的是,同一个组播组内不会出现两个接收方对同一个报文进行 NACK 反馈,从而降低 NACK 的发送数量,避免产生 NACK 风暴问题。

基于 NACK 反馈进行报文重传的丢包恢复方法,在目前的可靠组播协议中取得了较好的效果。但未发生丢包的接收方也会收到 NACK 反馈报文和重传报文的组播消息,会给网络带来额外的负载。

3. NACK 与低频 ACK 相结合的可靠组播丢包恢复

为了对丢失报文进行恢复,发送方为已发送的报文维护发送缓冲区,直到确定报文已被所有接收方收到后才将该报文从发送缓冲区中清空。基于 NACK 的可靠组播协议,能有效地避免 ACK 风暴,但仅靠 NACK 反馈信息不能及时清空发送方的发送缓冲区。因此有些协议采用 NACK 和低频 ACK 相结合的反馈方式。NACK 确定需要进行恢复的数据,ACK 确定缓冲的管理,发送 ACK 的频率需要符合或高于发送方发送窗口推进的速率。接收方需要维护相应的计时器,定期向发送方反馈已正确接收到的最大报文序号,发送方根据所有接收方反馈的 ACK 信息清空缓冲区中已被所有接收方正确接收到的报文。

4. 基于数据冗余的可靠组播丢包恢复

基于数据冗余的丢包恢复的基本思想是,在正常的数据报文后面添加一些针对之前报文的冗余信息,根据这些冗余信息,通过特定的编码方式可以使接收方独立地对前面丢失数据报文进行恢复。这样当接收方发现报文丢失时,可以根据收到报文中所包含的冗余信息,对丢失报文进行恢复,丢失报文的数量要在可以接受的一定范围内。基于冗余信息恢复的可靠组播不依赖 ACK 反馈报文或 NACK 反馈报文发起丢包恢复,网络上传送的额外报文降低了。这一类算法中较常见的是 FEC(Forward Error Correction)和 Tornado 编码算法。

FEC 通过在传输中引入冗余信息来提高可靠性,接收者使用错误控制码来检测和校正错误数据而不是要求重传。基于 FEC 的方法相对于丢包重传方法减少了端到端的延迟,但带来的代价是需要发送更多的包而占用了更多带宽,此外发送的数据必须分解成一个个数据块,并对数据进行编码,增加了计算的开销和复杂性。在丢包率较高的情况下,该方法使数据传输性能明显下降,系统的整体性能取决于丢失情况最严重的接收者。

4.2.3 可靠组播协议中的丢包恢复方法总结

在可靠组播的研究中,每一种协议往往都是针对一种类型的组播应用而设计的,因此在可靠组播丢包恢复和抑制方面也因应用需求的不同存在很大差异。我们从由检测数据丢失、采用何种方式发送丢包检测结果和控制信息、采用何种恢复算法恢复丢失的报文等方面,对典型可靠组播协议的丢包恢复方法进行对比,如表 4-1 所列。

表 4-1 典型可靠组播协议的丢包恢复方法比较

典型协议	丢包检测	反馈方式	丢包恢复	是否需要知道组播拓扑结构
SRM	接收方	NACK	发送方	否
RMTP	发送方	ACK	发送方/中间节点	静态事先指定
TMTP	发送方	ACK	发送方/中间节点	动态维护
ARM、PGM	接收方	NACK	发送方/活跃路由器	路由器已知

由表 4-1 可以看出,现有可靠组播协议的丢包恢复基本都是由发送方负责或参与的,发送方对发送的数据进行缓存,并在必要时对丢失报文进行恢复。分布交互仿真系统通常运行在局域网或专用网上,网络环境一般为平面结构,基于树状结构的恢复方法对 ACK 的反馈抑制效果不明显;另外,在节点加入、退出组播组比较频繁的情况下,树状结构的维护需要占用大量的资源。因此已有的丢包恢复方法不适用于分布交互仿真系统。

4.3 基于 Sender-Group 的报文编号及备份方法

多对多可靠组播丢包恢复算法(BH_RMER)主要包括以下步骤:仿真节点和可靠服务节点发送、备份报文按照统一的报文编号方法对报文编号;仿真节点通过组播发送数据报文及备份报文;仿真节点接收数据报文时根据编号检测是否存在丢失报文;仿真节点检测到数据报文丢失之后向可靠服务节点发送 NACK 反馈;可靠服务节点根据 NACK 对发生丢包的仿真节点发送重传报文。

报文编号和备份方法是丢包恢复算法的基础,首先进行符号定义。

令仿真节点用 $N_1, N_2, N_3, \cdots$ 表示,可靠服务节点为 $R_1, R_2, R_3, \cdots$,组播组为 $G_1, G_2, G_3, \cdots$。

令 $N_i \in G_u$ 表示 N_i 是组播组 G_u 的成员节点。

令 N_i. MultiSend(G_u, Data(p, q)) 表示仿真节点 N_i 向组播组 G_u 发送组播报文 Data,报文编号为从 p 到 q。

令 N_i. UniSend(R_n, NACK(p, q)) 表示仿真节点 N_i 向可靠服务节点 R_n 发送丢包反馈 NACK,丢失报文编号为从 p 到 q。

分布交互仿真中的组播传输为多对多组播,且仿真节点具有负载较重的特点,我们采用基于Sender - Group的方法进行报文编号,并通过专用的可靠服务节点群组采用组播与可靠单播结合的方式进行报文的备份。

4.3.1 面向多对多组播的报文编号方法

现有的一对一、一对多组播报文编号方法,对报文按发送顺序进行编号,由于只存在一个发送方,因此接收方通过判断报文序号的连续性即可检测丢包。对于多对多组播的报文编号采取全局唯一顺序编号的方法,但是这种方法需要在多个发送方之间协调,接收方需要知道序号是由哪个发送方发出的,发送方和接收方之间需要进行通信。在分布交互仿真系统中,每个仿真节点 N_i 往往同时作为发送方和接收方,构成一种多对多的组播结构。并且 N_i 可动态加入或退出组播

组 G_u,G_u 构成是不固定的,仅通过报文序号连续性判断丢包是不够的,接收方仿真节点无法判断接收到报文的顺序号是来自哪个发送方。

设 SenderID 为仿真节点的唯一标识,GroupID 为组播组的唯一标识。sequenceNumber 为顺序编号的数据标志,由于每个发送数据的 N_i 各自维护序号,接收数据的 N_j 需要鉴别来自不同 N_i 的数据报文,因此须将唯一标识 N_i 的 SenderID 纳入序号范围。一个 N_i 可能将数据发送至不同的 G_u,如果仅由 SenderID 和报文发送顺序来标识报文序号,不同 G_u 内的 N_j 可能接收到相同的数据报文,无法确定报文丢失与否,因此 Group 信息也应包含在报文序号中。报文的编排必须在 N_i 为每个 G_u 维护独立的顺序,报文的序号包括发送数据的 N_i 的 ID(Sender ID),要发给的 G_u 的 ID(Group ID)及上述顺序的数据标志(Sequence Number),Sequence Number 在固定发送方和组播组的条件下才有效。如图 4-3 所示。

SenderID	GroupID	SequenceNumber	Data
16bit	16bit	32bit	Length

图 4-3　报文示意图

<SenderID, GroupID>可用以标识某个发送方向某个组播组发送报文的 key 值,在这个 key 值后的顺序编号则为该发送方向该组播组发送数据报文的连续编号。N_i 需要维护向每一 G_u 已发送的报文序号。发送报文前,首先查找是否有目的 G_u 的记录,如果存在则在已有序号上继续编号,并更新记录中保存值;反之,表示以前没有发向此组的数据,序号从 0 起始,并在记录中增加该组对应项。通过该编号方法,多对多可靠组播中的仿真节点 N_i 可独立为报文编号,不会与其他仿真节点发生混淆。

4.3.2　组播报文备份方法

可靠组播中报文备份所面对的问题比可靠单播复杂许多,报文备份的方法优劣也会对丢包恢复的效率产生影响。基于可靠服务节点的多对多可靠组播模型中，报文备份的工作由可靠服务节点完成，降低了仿真节点的资源占用。该方法又引入了报文备份时发送方与可靠服务节点的通信方式问题。如果报文的备份通过发送方将报文以 TCP 的方式传输给可靠服务节点完成，这样，备份报文的流量几乎占到了发送方发送流量的一半，不但降低了发送方的有效带宽占用，影响到系统的吞吐量水平和报文传输延迟，也大大增加了协议的开销。因此我们提出一种组播与可靠单播作为报文备份的传输方式，使仿真节点一次性地发送并备份组播报文，具体步骤如图 4-4 所示。

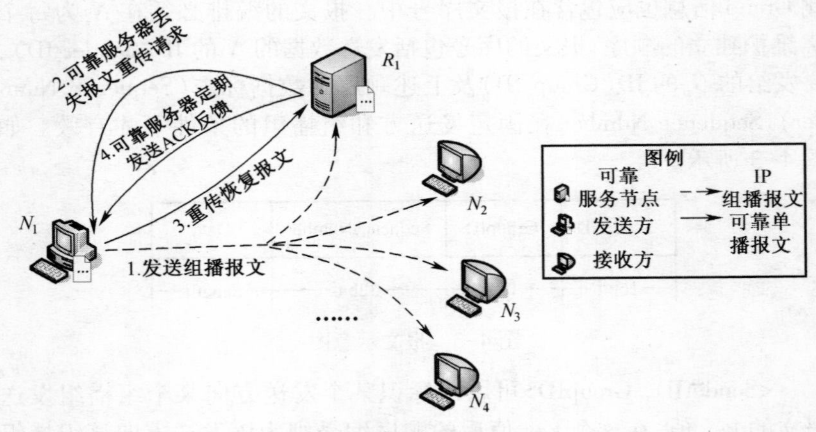

图 4-4　报文备份流程

在图 4-4 中，报文备份的步骤包括：

(1) 发送方 N_i 将数据在本地缓存并通过组播方式同时发送至可靠服务节点 R_n 和组播组 G_u 的其他成员 N_j。

(2) R_n 发现组播报文丢失后向 N_i 请求报文重传。

(3) N_i 从缓存中读取相应报文并以可靠单播的方式发送给 R_n，从而保证 R_n 上也具有一份完整的报文备份。

(4) R_n 向 N_i 定期发送 ACK 报文，通知 N_i 将缓冲中已经得到确认的报文清除。

通常情况下，步骤(4)中的 ACK 消息可以附带在步骤(2)中的

NACK 消息中反馈给发送方节点，这样可以减少反馈报文的网络带宽占用。当在定时器超时后，如果可靠服务节点没有发生丢包，则发送 ACK 消息，防止发送方由于缓冲区没有及时清空而影响组播报文的正常发送。

利用组播与可靠单播结合的传输方式进行报文备份有效地利用了发送方的带宽，减轻了发送方的压力。同时项目组对丢包进行的前期实验发现，在同一个组播组中，不同接收方的报文丢失序号通常是不同的，这样接收方丢失的报文与可靠服务节点丢失的报文通常不会重合，可靠服务节点可以立即给接收方发送重传报文，该方式基本不会影响丢包恢复的延迟，且节省了发送方的带宽。

4.4　多对多可靠组播丢包恢复算法 BH_RMER

多对多可靠组播丢包恢复主要包括丢包检测和丢包恢复两个部分。丢包检测部分由仿真节点负责。每个仿真节点对接收到的报文编号进行检测，由于报文编号是基于 Sender-Group 的多对多组播报文编号，因此可以由接收方独立进行检测，并根据报文属性确定发送 NACK 请求。

4.4.1　面向动态组播组的丢包检测

仿真节点 N 可能加入不同的组播组，也可能接收到来自不同发送方的数据，因此维护<Sender ID ， Group ID>和 Sequence Number 构成的记录集(NumberSet)，表示该接收方接收到的报文序号。我们约定，N_i加入某组 G_u 后，收到的第一个来自 N_j 的报文的序号 Num_1，即为在<$Sender_j$， $Group_u$>中的初始序号。收到一个组播报文(Data)后，首先检查该<$Sender_j$， $Group_u$>是否在 NumberSet 中，如果不在，则收到的序号为该<$Sender_j$， $Group_u$>的初始序号，需在 NumberSet 中增加此项记录；否则根据报文序号是否与记录中序号连续而判断是否丢包，并更新序号值。用伪代码表示为：

```
If(NumberSet.isExist(Data.SenderID)
{
   if(Data.SequenceNum=NumberSet.currentNum+1)
      {
         correctReceive(Nj);//正确接收来自 Nj 的报文
      }
   else Dataloss( );//发生丢包
   NumberSet.currentNum=Data.SequenceNum;
}
else
{
   NumberSet.addRecord(Data.SenderID,Data.SequenceNum);
   correctReceive(NDj);
}
```

N_i退出组播组 G_u后，须将 NumberSet 中该组相关的序号记录全部清空。避免在退出后又加入同一组播组时，将中间一段时间的数据被作为丢失报文，向 R_n 请求重传。

根据报文的编号原则，在仿真节点接收数据报文时可独立判断报文的丢失和乱序。丢包检测的方法为：N_i. MultiSend(G_u , Data), G_u 由 R_n 负责；$N_j \in G_u$, N_j 根据 SenderID 和 GroupID 找到对应的报文接收队列；SenderID/GroupID 队列当前的 Max(Sequence Num)和接收报文 Sequence Num 比较；如果 N_j判断连续则表示没有丢包，将报文 Push 入队列；如果 N_j判断不连续则表示产生了丢包，则 N_j. UniSend(R_n , NACK)。

该过程的伪代码表示为：

```
PduStoreTable[SenderID,GroupID,Sequence Num]
LastReceivePdu.number=n;//最新 PDU 接收序号
Receive Pdu(SenderID,GroupID,m);
if m=n+1
  PduStoreTable.push(data,m);//数据存入队列
if m>n+1
{
    PduStoreTable.push(NULL,n+1,m-1);//NULL 存入丢包位
    ReportNACK(n+1,m-1);
}//发送丢包反馈 NACK
LastReceivePdu.number=m;
```

我们对丢包检测过程举例说明,如图 4-5 所示。

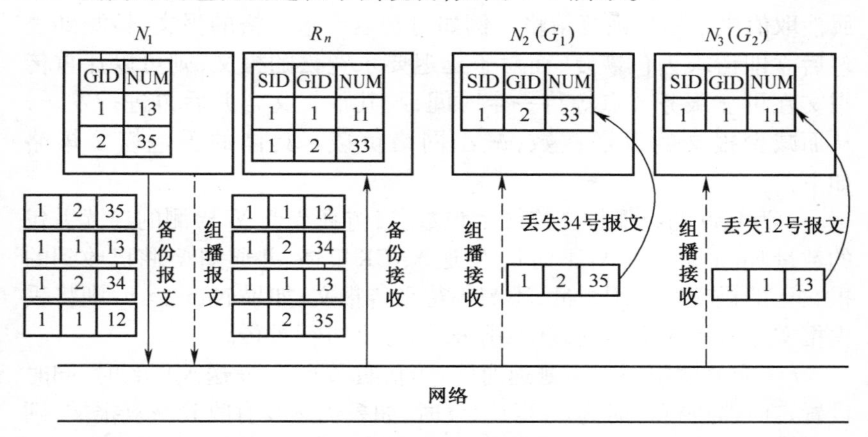

图 4-5　丢包检测过程示意图

图 4-5 中,N_1 向 G_1 中发送 12、13 号报文,向 G_2 中发送 34、35 号报文。此时 N_2 和 N_3 中分别维护的相关的序号记录表明,N_3 已收到 N_1 向 G_1 中发送的 11 号报文,N_2 已收到 N_1 向 G_2 中发送的 33 号报文。下一时刻 N_3 收到 35 号报文,而未收到 34 号,N_2 收到 13 号报文,而未收到 12 号。则 N_2 和 N_3 检测到发生丢包,丢失的分别为 N_1 向 G_1 中发送的 12 号报文和向 G_2 中发送的 34 号报文。

为了便于可靠服务器和发送方进行缓存的清除,接收方需要发送低频 ACK 报文。因为 ACK 报文的作用仅仅是通知发送方或可靠服务器进行清除缓存的操作,而且系统中发生丢包时由 NACK 对该消息进行捎带发送,所以 ACK 报文的发送频率很低,不会对发送方产生 ACK 风暴为准则。

4.4.2　基于报文传输属性的丢包恢复算法

丢包恢复的工作由可靠服务节点完成。当接收方检测到报文丢失后需要根据报文属性选择适当的丢包恢复策略。需要丢包恢复时向可靠服务节点发送丢包恢复请求。对于报文属性给出如下定义:

定义 4-1　报文传输属性 Attr<r,n,t>,表示每个报文的三种特征标示,分别为可靠性、有序性、实时性。其中 r 为布尔型,n,t 为正整数。

对与每个组播报文,Attr<r,n,t>的三个标识具有不同取值,根据属性取值决定丢包恢复策略。例如对延迟要求严格的报文,检测到丢包后立即请求丢包恢复;而对于延迟要求宽松的报文,则可以让重传报文在可靠服务节点等待一定时间,与其他报文合并后再进行发送,从而减少报文的发送次数,减小网络负载。具体的丢包恢复策略如下:

n 为允许的组播报文连续丢包数:当仿真节点 N_i 检测的连续丢包的数量 $\text{Num} \leqslant n$,则 N_i 不向 R_n 发送 NACK 反馈,并通知 N_i 将已收到的报文立即提交给应用缓冲,不需等待重传报文;如果 $\text{Num} \geqslant n$,则将丢失报文序号加入重传列表中,由 R_n 对报文进行重传。

t 为允许的组播报文延迟时间:当仿真节点 N_i 发送 NACK 时,同时设置定时器进行计时为 t',当 $t' > t$ 时,如果仍然没有收到恢复报文,则不再等待该报文的重传,立即将已收到的组播报文提交给应用。因为此时该报文已经超过延迟要求,即使收到重传报文也已经过期。

r 为是否要求报文有序提交:若 $r = 1$,则仿真节点 N_i 在发现报文丢失之后不将当前已收到的报文提交给应用缓冲,必须等待报文重传成功,报文达到有序后再提交给应用缓冲;否则 N_i 将收到的报文立即提交给应用缓冲,不必等待报文重传,以减少报文发送延迟和缓冲区占用。

在报文属性处理的基础上,当可靠服务节点 R_n 进行报文备份时也存在丢包的现象时,此时需要发送方 N_i 对丢包进行重传,当 R_n 接收到接收方 N_j 发送的 NACK 请求时,当前报文备份的状态可分为全部可恢复、全部未到达和部分可恢复部分未到达三类,可靠服务节点需要根据当前报文备份的状态进行不同的处理。下面详细介绍可靠服务节点的丢包恢复处理过程。

首先给出 NACK 报文格式为:

```
struct NACK
{
  U32 seuderGroupID;        //代表 SenderGroup 的 key 值
  U16 receiverID;           //接收方 ID
  U32 beginNumber;          //丢包开始序号
  U32 endNumber;            //丢包结束序号
}
```

对于全部可恢复的 NACK 请求，R_n查找报文缓存，找到 NACK 中所对应的丢包 beginNumber 与 endNumber 之间的报文备份，然后 R_n. UniSend(N_j, Data(p, q))，其中 p=beginNumber，q=endNumber。

对于全部未到达的情况，表示 R_n此时未收到 beginNumber 与 endNumber 之间的组播报文。由于 R_n的丢包处理线程发现丢包会立即向发送方请求恢复，因此等待一段时间后该部分报文恢复完成即可向接收方恢复。这段时间内，R_n还应继续进行其他操作。因此我们采用了可靠服务节点自身重发 NACK 报文的方法，即 R_n. UniSend(R_n, NACK(p, q))，其中 p=beginNumber，q=endNumber。恢复处理过程结束。

对于可恢复和未到达的报文，设可恢复的最大报文序号为 k，对可恢复部分的报文，可靠服务节点查找报文缓存，找到备份报文中从 beginNumber 至k 的组播数据，R_n. UniSend(N_j, Data(p, q))，其中 p=beginNumber，q=k。然后 R_n. UniSend(R_n, NACK(p, q))，其中 p=k+1，q=endNumber。恢复处理过程结束。

在丢包恢复中，对于未到达的报文，可靠服务节点通过向自己重新发送 NACK 报文的方法，节省了可靠服务节点向仿真节点通知未到达的控制报文，以及仿真节点再次请求恢复的 NACK 报文，仅通过更改 NACK 报文中的丢包序号，降低了丢包反馈中的网络通信量。

可靠服务节点在接收到 NACK 报文后根据可靠服务节点缓存中已经存在的报文对 NACK 进行分类处理，对能够重传的报文打包重传给接收方，对暂时无法重传的报文将 NACK 报文再次发送给自己后进行下一次处理。上述过程算法的伪代码为：

```
processNACK(NACK nack)
{
  nackBegin=nack.beginNumber;
  nackEnd=nack.endNumber;

  if(nackBegin>lastReceivedNumber)  //NACK所请求的报文均未到达
  {
    Unicast.sendBackSelf(nack);
    return;
  }
```

(续)

```
else if( nackEnd>lastReceivedNumber)
                                        // NACK 所请求的报文部分为到达
{
    nack. beginNumber = lastReceivedNumber+1;
    Unicast. sendBackSelf( nack);
    nackEnd = lastReceivedNumber;
}

// 确定从 nackBegin 到 nackEnd 区间中可靠服务器已经获得的连续报文的最
   大序号
maxRecoverIndex = determinMaxRecoverIndex( nackBegin, nackEnd);
nackEnd = maxRecoverIndex;
nack. beginNumber = maxRecoverIndex+1;
Unicast. sendBackSelf( nack);

// 将恢复报文打包重传
retransmission( nackBegin, nackEnd);
}
```

采用 BH_RMER 算法进行丢包恢复,既可以保证延迟要求高的数据实时性,又能够根据可靠性要求的不同减少部分重传报文的传输。算法根据报文传输属性选择不同的报文恢复策略,为满足不同数据传输需求提供了可能性。

4.5 算法分析

对于可靠组播来说,吞吐量和延迟是反映算法性能的重要指标。丢包检测和丢包恢复算法都将给组播传输带来额外开销,将开销控制到较低的水平,对组播传输的影响降到最低是丢包恢复算法追求的目标。我们从理论角度分析 BH_RMER 算法的带宽和延迟开销。

4.5.1 延迟分析

我们分析理想情况下，发送方发送组播报文的发送延迟。设所有接收方的丢包率相同，用 p 表示。NACK 和重传报文采取可靠单播发送，不存在丢包。根据算法处理过程，报文在发送方、可靠服务节点和接收方之间的传递流程及延迟如图 4－6 所示。

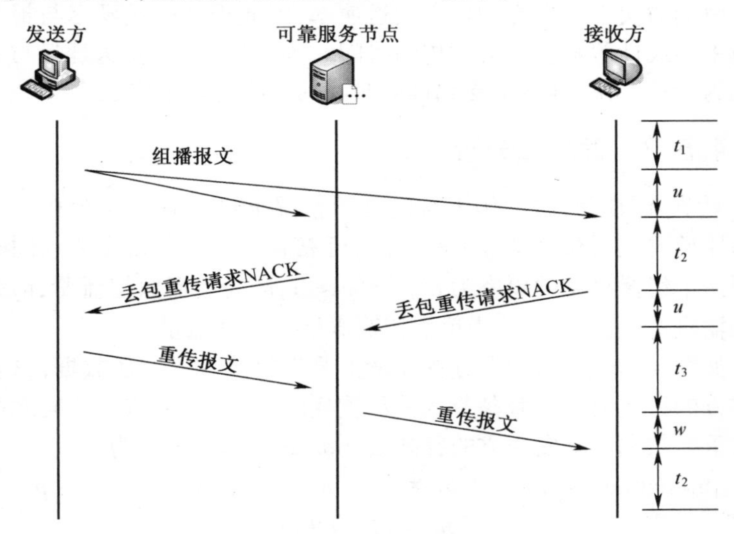

图 4－6 可靠报文传输延迟

其中，t_1 表示报文在发送方缓存中排队等待发送的时间；t_2 表示报文在接收方缓存中等待排队处理的时间；t_3 表示报文在可靠服务节点缓存中等待排队处理的时间；u 表示发送方将数据组播至目的组播组的时间；v 表示接收方将重传请求以 TCP 方式发送至可靠服务节点的时间；w 表示可靠服务节点将丢失报文重传至发送方的时间。根据图 6－4分析可得可靠报文的平均传输延迟 latency(package)为：

$$\begin{aligned}\text{latency(package)} &= T_{\text{no\_loss}}\times(1-p)+T_{\text{loss}}\times p \\ &=(t_1+u+t_2)\times(1-p)+(t_1+u+t_2+v+t_3+w+t_2)\times p \\ &=t_1+u+t_2+(v+t_3+w+t_2)\times p \qquad (4.1)\end{aligned}$$

假设理想状态下，报文在缓存中的排队时间均为 t，报文在网络中

传输的时间均为 u,对式(4.1)进行化简,可得:

$$\begin{aligned}\text{latency}(\text{package}) &= 2t + u + 2(u + t) \times p \\ &= (1 + 2p) \times u + (2 + p)t\end{aligned} \tag{4.2}$$

由式(4.2)可知,稳定状态下,当报文在网络中传输的时间 u 和丢包率 p 均为定值,报文发送延迟与报文排队时间为线性关系。报文的排队时间取决于发送方的报文发送速率,因此报文发送延迟与报文发送速率为线性关系。当报文传输时间 u 为定值,报文发送延迟与丢包率也为线性关系,其斜率受到排队时间的影响将逐渐增大。

4.5.2 吞吐量分析

对节点与网络均工作正常的理想情况下进行吞吐量分析。可靠组播原始平均丢包率为 p,$0\leqslant 1\leqslant 1$,可靠服务节点和仿真节点同时丢失同一个组播报文的概率为 p', $0\leqslant p'\leqslant 1$,b_1为组播数据流量,b_2为单播传输重传数据流量,b_3为单播传输 NACK 报文流量。

如图 4-6 所示,发送方吞吐量主要为组播方式发送数据,只有当接收方的丢包与可靠服务节点丢包重叠时,可靠服务节点才向发送方请求重发数据。则发送方的吞吐量 throughput(sender)为

$$\begin{aligned}\text{throughput}(\text{sender}) &= b_1 \times (1 - p') + (b_1 + b_2 + b_3) \times p' \\ &= b_1 + (b_2 + b_3) \times p'\end{aligned} \tag{4.3}$$

从式(4.3)可以看出,由于可靠服务节点和仿真节点同时丢失同一个组播报文的概率 p'非常小,发送方吞吐量可以近似等于 b_1,即组播报文的流量。

接收方吞吐量包括组播接收数据流量、发送的 NACK 控制报文流量和以单播方式接收重传数据流量。接收方的吞吐量 throughput(receiver)为:

$$\begin{aligned}\text{throughput}(\text{receiver}) &= b_1 \times (1 - p) + (b_2 + b_3) \times p \\ &= b_1 + (b_2 + b_3 - b_1) \times p\end{aligned} \tag{4.4}$$

由于 NACK 控制报文的流量与丢包率成正比,单播方式重传的数据流量为组播流量与丢包率的乘积,即 $b_2 = p$, $b_3 = b_1 \times p$,可得:

$$\begin{aligned}\text{throughput(receiver)} &= b_1 \times (1-p) + (p + b_1 \times p) \times p \\ &= (p^2 - p + 1) \times b_1 + p^2\end{aligned} \quad (4.5)$$

由式(4.3)和式(4.5)可以看出,随着仿真节点数量的增加,发送方的发送速率不受丢包率的影响,仍然维持一个稳定的状态。而接收方的吞吐量会因为节点数量增加引起丢包率的上升,使吞吐量有所下降。

4.6 实验与分析

实验内容包括丢包恢复延迟测试、吞吐量对比测试、平均传输延迟对比测试,主要目标为测试基于 Sender-Group 的域内可靠组播丢包恢复算法在丢包恢复和组播传输的性能。

4.6.1 实验环境

多对多可靠组播的实验环境包括网络环境、主机环境及对比系统。下面分别对它们进行介绍。

1. 网络环境

本实验在北京航空航天大学新主楼 G 座 729 室进行,测试的网络拓扑如图 4-7 所示。

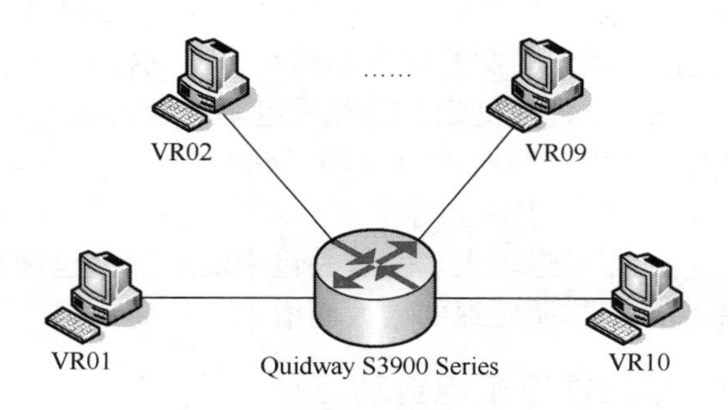

图 4-7　测试环境网络拓扑

在图 4-7 中,测试网络主干拓扑结构采用的是星型结构,主干为交换式百兆以太网,路由器采用华为 Quidway S3900 Series。

2. 主机环境

10 台主机(VR01 ~ VR10),CPU 为 Pentium D 3.40GHz,内存 1GB,操作系统为 Windows XP Professional。

3. 测试对比系统

可靠组播测试对比系统包括 RMSP、RMMS、TCP Exploder 和 ACE RMCast。其中 RMMS(Reliable Many-to-many Multicast Suite)[88]是课题组前期研究工作,RMMS 中由可靠服务器完成报文的备份和重传,并且通过对接收方缓冲区的监控实现了简单的拥塞控制。但是其采用单一的可靠服务节点以及 TCP 的报文备份方式容易形成系统瓶颈,同时采用类似 TCP 的快降慢升拥塞控制策略对系统性能影响太大,不能很好地满足分布交互仿真数据传输的需求;ACE 提供了可靠组播的支持软件包 ACE RMCast[72],它基于 IP 组播,采用 NACK 的反馈机制;我们根据 TCP Exploder[36]的原理,实现了一套 TCP Exploder 软件,它包括客户端性能测试程序和中心服务器。

4.6.2 丢包恢复延迟

实验测试可靠组播扩展系统的丢包恢复效率。仿真节点丢包恢复延迟是指从接收方检测到丢包并发出 NACK 报文,到接收方接到可靠服务节点的重传报文之间的延迟。本实验通过程序模拟接收方丢包,控制接收方丢包率分别为 1%、5%、10%、20%,测试在不同丢包率水平下的丢包恢复延迟。实验结果如图 4-8 所示。

在图 4-8 中,丢包恢复延迟随着丢包率的增大而增大,但随着报文长度的增大而减小。根据式(4.2)的分析可知,在小报文情况下,主机发送速率较大,此时主机上等待被处理的报文数量较多,排队延迟增加,导致丢包恢复延迟增大。随着丢包率的增加丢包恢复延迟也线性增加,其斜率由于排队延迟的增大而增大。

4.6.3 平均往返延迟抖动

传输延迟不稳定的系统很难满足应用的需求。为了更好地反映系统传输延迟的稳定性,我们对平均往返延迟抖动进行测试。测试以一台主机作为可靠服务节点,一台主机作为发送方,六台主机作为接

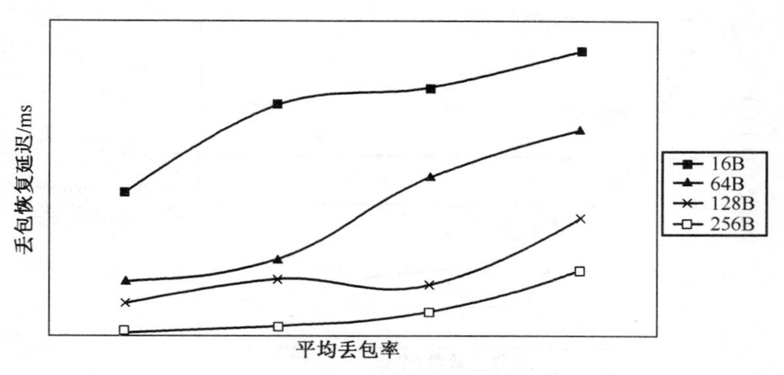

图 4－8　RMSP 丢包恢复延迟测试结果

收方，它们处于同一个组播组中，测量在连续 50 个报文平均往返延迟的变化情况。测试结果如图 4－9 所示。

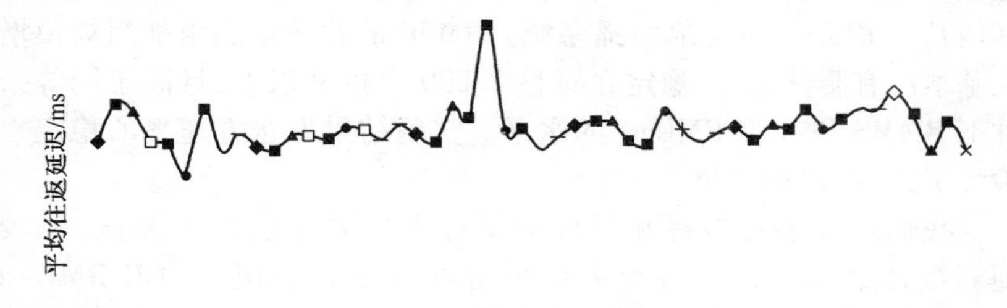

图 4－9　RMSP 平均往返延迟抖动测试结果

在图 4－9 中，可以看出报文的平均往返延迟在 0.8ms 上下小幅波动，基本可以稳定在 1ms 以下，偶尔出现延迟突变的情况也在 1.5ms 以内，可以达到相对稳定传输延迟。

4.6.4　吞吐量对比

本实验考察在同样的实验环境中 RMSP 同 RMMS、TCP Exploder、ACE RMCast 在一对多吞吐量性能指标上的差异，比较接收方数量持续情况下各个系统的吞吐量变化情况。测试采用 256B 报文进行，以发送速率作为发送方吞吐量的衡量指标。测试结果如图 4－10 所示。

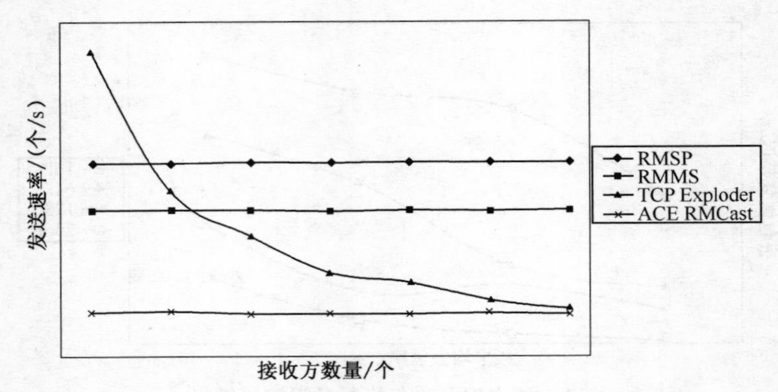

图 4-10　一对多吞吐量测试的结果

由图 4-10 可以看出，当接收方规模较小时，TCP Exploder 的吞吐量最高，但是随着接收方规模的扩大，其吞吐量显著降低，且明显低于其他基于 IP 组播的可靠组播系统。RMSP 的吞吐量随组播组规模增大基本没有明显变化，稳定在每秒 23000 个报文以上，且高于同等条件下 RMMS 和 ACE RMCast 的水平。实验结果发送方速率的稳定也验证了式(4.3)的分析。

我们还对多对多吞吐量性能指标上的差异进行了测试，比较随着组播组规模扩大各个系统的吞吐量变化情况。ACE RMCast 在此条件下的可靠传输吞吐量水平非常差，无对比性。测试报文大小为 256B，以接收速率作为吞吐量的衡量指标。测试结果如图 4-11所示。

在图 4-11 中，RMSP、RMMS 的吞吐量水平随着组播组规模的扩大相对趋于稳定，RMSP 可保持在每秒 12000 个报文以上。TCP Exploder 在组播规模较小的情况下表现优越，但随着组播组规模的扩大性能下降很快。实验结果表明，RMSP 在大规模分布交互仿真的多对多组播环境中体现出了较好的性能指标。实验结果接收方速率的变化趋势验证了式(4.5)的分析。

在以上实验中，RMSP 的丢包全部都正确恢复，也表现出丢包恢复算法的功能。

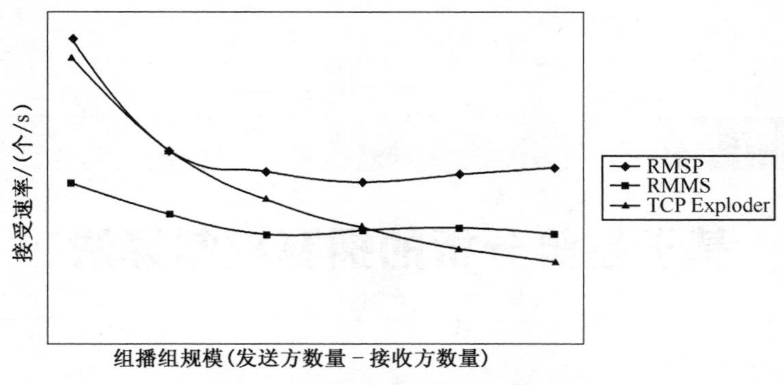

图 4 - 11　多对多吞吐量对比测试结果

4.7　小　结

在这一章中,我们对组播可靠性保障机制进行了研究,分别从反馈类型、抑制结构对现有的可靠组播传输机制进行分类,分析了分布交互仿真多对多组播中产生丢包的原因,在域内多对多可靠组播模型的结构基础上,给出一种基于 Sender-Group 的多对多可靠组播丢包恢复算法。该方法采用基于 Sender-Group 的报文编号方法,通过组播和可靠单播结合的方式进行报文备份,并根据报文传输属性选择不同的策略来进行丢包恢复。实验表明,基于该丢包恢复方法实现的可靠组播传输系统 RMSP 在吞吐量和丢包恢复延迟方面均有良好的表现,实验结果符合理论分析预期。

第五章

基于趋势分析的拥塞控制算法

分布交互仿真中的组播拥塞通常由于仿真节点处理能力与数据传输速率的不匹配造成,其根本原因主要为丢包率的快速增长和缓冲区占用量过大。本章提出一种基于趋势分析的多对多可靠组播拥塞控制方法,该方法基于多对多可靠组播模型的结构,对丢包趋势和缓冲区变化趋势进行监测,对拥塞进行预测与控制,从而降低拥塞对分布交互仿真正常进行的影响。

5.1 引　言

拥塞现象是指到网络通信中某一部分的报文数量过多,使得该部分报文来不及被处理,从而引起这部分网络乃至整个网络性能下降的现象。严重时甚至会导致整个网络陷入停顿,出现死锁现象。网络的吞吐量的变化可体现拥塞现象的发生,当仿真节点的负载比较小时,网络的吞吐量随节点负载的增加而线性增加。当仿真节点负载增加到某一值后,若网络吞吐量反而下降,则说明网络中出现了拥塞现象。在一个出现拥塞现象的网络中,到达某个仿真节点的报文将会遇到没有可用缓冲区的情况,从而使这些报文不得不被自动丢弃,需要由其他仿真节点重传。当拥塞比较严重时,仿真节点中相当多的传输能力和节点缓冲都用于这种无实际意义的重传,从而使仿真节点的有效吞吐量迅速下降。继而引起恶性循环,使网络的局部甚至全部处于死锁状态,最终导致网络有效吞吐量接近为零。在可靠组播中,当接收方被淹没之后，接收方无法及时通知发送方其情况，此时发送方没有得到确认的报文数量急剧增加，有可能会不断重传未确认的报文，进一步加重接收方的负担，形成恶性循环；或者因为丢包严重造成接收方频繁报告报文丢失，引发数据重传或者降低发送方速度，降低了带宽的有效利用率和系统性能。因此组播通信中拥塞控制就显得尤为重要。

5.2 相关研究

国内外对于拥塞检测、拥塞控制算法的研究已取得了很多的成果，我们对现有的拥塞控制算法进行研究，分析其适用的领域和问题，从而为解决分布式交互仿真中的多对多可靠组播拥塞问题提出适用的解决方案。

5.2.1 拥塞控制算法的分类

从控制论的角度来分析，拥塞控制解决方案主要可以分成两类：开环的(open loop)和闭环的(close loop)[110]。开环拥塞控制也称为预防式的拥塞控制，闭环的拥塞控制也称为反馈式的拥塞控制。当流量特征可以准确规定、性能要求可以事先获得时，适于使用开环控制；当流量特征不能准确描述或者当系统不提供资源预留时，适于使用闭环控制。Internet 因为资源分布和流量特征的不确定性决定其主要采用闭环控制方式。闭环控制建立在反馈环路的概念基础之上，主要包括三个重要功能：①监视系统，检测到何时何地发生了拥塞；②将该信息传递到能够采取行动的地方；③调整系统的运行，以改正问题。本章所讨论的拥塞控制算法都是属于闭环控制的。我们尝试依据控制参数将拥塞控制算法进行分类。在组播通信中常用的控制参数包括窗口、速率和数据层次，分别对应如下三种拥塞控制方法。

1. 基于窗口

基于窗口的组播拥塞控制源自 TCP 的滑动窗口拥塞控制。在拥塞出现时减少拥塞窗口的大小，不出现拥塞时增加拥塞窗口，从而通过未应答数据报文总量在已分配的窗口容量之下，使网络中通信量保持在合适的范围内,减少拥塞情况。基于窗口控制的优点是对拥塞或网络变化反应敏锐、及时,且无需测量 RTT 即可实现拥塞控制;问题是会造成吞吐量振荡,不利于多媒体数据的传输。RMTP,MTCP,PGMCC,RLA 等是典型的基于窗口的组播拥塞控制协议。

RMTP[90]是一个基于组播树的层次化可靠组播通信模型。它的目标是"以增加延迟作为代价,保障可靠的一对多传输,适用于跨越大范围的网络应用"。RMTP 使用基于窗口流的控制机制。发送方设置发送窗口,表示未应答分组的最大发送量;接收方设置接收窗口,表示接收方的缓冲大小,它必须大于或等于发送方发送窗口,否则会发生分组丢失。RMTP 采用来自接收方的重传请求作为可能网络拥塞的指示,当发送方收到超过其重传请求数量限制时,减少其发送速率。

RLA(Random Listening Algorithm)[113]提出一种基于窗口的组播拥塞控制算法。RLA 为每个接收方维护一个拥塞窗口,采用与 TCP 类似的方法调整窗口。接收方根据窗口大小和已接收分组的数量,计算出可接收分组的最大序列号。接收方将自己的最大序列号通过树形结构聚合,父节点从中挑出最小值,反馈给发送方,从而避免了反馈爆炸。当聚合后的信息到达发送方后,发送方就得到了发送分组的最大序列号。通过以上两种机制(在每个接收方维护拥塞窗口、使用树形结构对拥塞信息进行聚合),RLA 协议避免了 drop-to-zero 问题。

2. 基于速率

根据数据传输情况动态地调整传输速率,从而对网络中的拥塞进行控制的方法称为基于速率的控制。该方法是使发送方瞬时发送数据分组到网络的速率不超过已分配的速率,并基于漏桶理论,即使平均传输速率低于已分配的速率,当有突发数据发生时,使用第二个参数——漏桶尺寸来控制数据的突发[113]。与基于窗口的控制相反,基于速率控制的优点是能保持发送速率平稳变化,缺点是对拥塞反应较慢,需要对 RTT 进行估算和对丢失率进行统计,这些在大规模环境下的实现具有比较大的难度。典型的基于速率的拥塞控制组播协议有 TFRC,TFMCC,TRAM 等。

M. Handley 和 S. Floyd[113]提出的 TFMCC(TCP Friendly Multicast Congestion Control)是基于公式(流量)的组播拥塞控制协议。TFMCC

的控制算法在组播的接收方上执行，每个接收方测量丢失事件率，并估计到发送方的往返时间，然后使用模拟 TCP 稳态时吞吐量的 Padhye 公式来计算发送方的发送速率。每个接收方要定期反馈速率值给发送方。为避免反馈爆炸问题，TFMCC 采用了延迟反馈的机制，它基于指数加权随机延时，当反馈延时超时发生时，接收方单播目前计算得到的速率给发送方：如果该速率低于以前接收到的反馈速率，发送方响应该反馈给所有的接收方。

S.Floyd 等[126]提出了 TFRC(TCP Friendly Rate Control)，是对单播 UDP 的 TCP 友好控制算法，它采用 TCP 吞吐量的复杂公式来调节发送速度。Sano T 等人[128]提出了一种基于监控机制的组播拥塞控制算法 Monitoring-based Flow Control。该算法将拥塞控制分为监控(Monitoring)和评估(Evaluation)两个阶段。在一次监控周期中，发送方首先向接收方发出开始对接收到的数据包进行计数的指令，然后发送一定数量的数据包；发送完成之后，要求接收方停止计数并返回接收到的数据包个数，同时发送方设定定时器。在评估阶段，发送方收集所有接收方的反馈信息，当定时器超时之后根据评价函数来进行速率调整。该算法设计了两种评价函数，一种使调整后的速率满足最慢的接收方的需求，另一种则满足大多数接收方的需求。根据不同的情况可以在这两种评价函数之间做出选择。

3. 基于数据层次

组播通信中的异构性主要表现在组播的接收方处理能力不同和报文到达不同接收方经历的链路的网络特性(如带宽、延迟等)不同。这种异构性使得单一速率方案无法有效解决组播内部的速率公平问题——它们往往只能适应最糟的传输速率，从而带来网络资源的浪费，降低了组播通信的效率。

分层组播的基本原理为：发送方将数据分为多个层，分别使用不同的组播组进行发送。接收方根据自身的各种状况选择订购适当的层。订购的层越多，数据质量越高。接收方根据各自网络情况加入或退出反映数据分层的组播组，拥塞发生时从相应数据层组播组中退出，而网络情况良好时尽可能多地订购数据层，从而达到适应网络变化情况的目的，完成拥塞控制。

典型的基于数据层次的多速率组播协议有 RLM[117]，RLC[118]，FLID-DL[119]，SAMM[120]，LoI[129]等。1996 年，Steven McCanne 等人提出的接收方驱动分层组播 RLM(Receiver-driven Layered Multicast)[112]是最早的分层组播协议之一。在 RLM 对拥塞的解决方案中，发送方不担当任何主动角色，它仅仅将数据分层，并为每一个数据层传输一个独立的组播组。协议的主要控制机制在接收方执行，它通过周期性地加入试验(Join Experiment)订购下一层；如果经历分组丢失，接收方取消最新订购的层。协议使用接收方驱动机制提高协议的可扩展性。

5.2.2 拥塞控制算法总结

每类拥塞控制算法都有自身的特点和适用条件，我们对它们的优势和缺陷进行了分类总结。

1. 基于窗口与基于速率

Golestani[108]指出，将拥塞窗口机制从单播扩展到组播时，为了最大化组播组吞吐量，发送方需要为每个接收方维护一个独立的拥塞窗口。另外一个值得注意的结论是：基于窗口的算法不需要估计接收方和发送方之间的 RTT，就能保证组播流量的公平性；而对于基于速率的算法来说，RTT 信息是必需的。

对基于窗口的算法，随着组规模的增大，为每个接收方维护拥塞窗口会导致发送方的拥塞控制任务变得非常复杂，从而降低了可扩展性。另外，发送方如果接收所有接收方的反馈，它将遭遇反馈爆炸。基于窗口的算法只需要采取与 TCP 类似的 AIMD 行为，即加性增加，乘性减少，就能比较容易地保证 TCP 公平。

基于速率的算法不需要维护拥塞窗口，但是发送方也需要从接收方收集控制参数，例如分组丢失率和 RTT，如果不提供适当的反馈抑制机制，发送方也将遭遇反馈爆炸问题。基于速率的算法在实现 TCP 公平性时，需要获得 RTT 信息，然而在组播环境中，对 RTT 进行大规模测量非常困难。

STBL(Smoothed Transmission with Bounded Losses)是将窗口和速率结合起来进行拥塞控制的协议，它的主要目标之一就是为了达到

TCP 友好。其中速率控制保证了发送速率的平滑以及与其他流量的公平竞争;窗口控制则保证了发送方不会超前接收方太多从而避免了接收方的过载和缓冲区溢出。STBL 设定了两个窗口:ACK 窗口和拥塞窗口。拥塞窗口的大小通过测量网络带宽的容量确定,确定之后不再变化,通过速率的变化来控制拥塞。

2. 单速率与多速率

在单速率算法中,组播的吞吐量受性能最差接收方的限制,限制了协议的可扩展性。Floyd[116]的研究表明,即使在网络情况比较理想时,随着组规模的增加,单速率组播拥塞控制也可能严重影响组播组的性能。单速率算法的优势是实现相对简单,不需要考虑对数据分层编码、决策同步等问题。

与单速率算法相比,分层组播的可扩展性较好,组的吞吐量受瓶颈接收方的限制较小,接收方可以选择合适的接收速率。分层组播的缺点是协议复杂,因为它利用底层路由机制来间接实现拥塞控制,频繁地加入/离开可能对路由协议造成较大的负担。为了提高拥塞控制的性能,需要解决接收方的决策同步问题。另外,考虑到组的数量增大会带来管理问题,分层组播不可能使用太多的组,从而造成层间的速率变化较大,拥塞控制的粒度比较粗糙,一方面降低了接收方对带宽的利用率,另一方面也为保证 TCP-Friendly 增加了难度。

5.3　多对多组播拥塞控制的主要问题

为了解决多对多组播拥塞的问题,我们首先分析了分布交互仿真中拥塞产生的位置,只有明确拥塞发生的位置才能够快速有效地进行拥塞检测和控制。同时,随着组播组规模的不断扩大,拥塞控制算法的可扩展性也将受到越来越严格的考验,还要考虑反馈爆炸和 drop-to-zero 的问题,避免拥塞控制导致分布交互仿真系统性能的进一步恶化。

1. 拥塞发生位置

分布交互仿真的拥塞与网络通信中的拥塞是有区别的[129]:网络拥塞产生的根本原因是用户提交给网络的负载大于网络资源节点容

量和处理能力，是网络系统各部分的数据传输和处理能力不匹配的结果，拥塞位置主要是在交换机或路由器。在分布交互仿真中除仿真过程本身对系统资源要求较高外，仿真应用程序需要对数据缓冲区内的大量属性更新或交互类数据进行处理，而这些数据在高层应用的处理比底层网络的处理需要消耗更多的资源，这在一定程度上限制了主机节点处理各种接收数据的速度。因此分布交互仿真中的拥塞通常首先是发生在主机节点，而主机拥塞主要是因为报文发送速率、报文接收速率、报文计算处理速率三者不匹配而造成的，如图 5-1 所示。

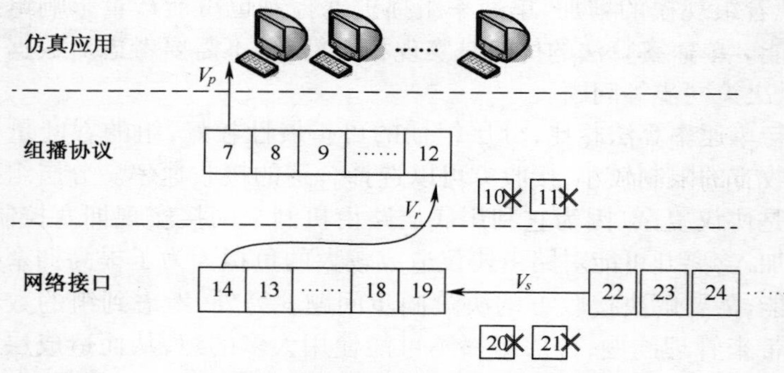

图 5-1　分布交互仿真中的主机拥塞

在图 5-1 中，主机对接收到的组播报文分三层依次处理，分别为网络接口层、组播协议层、仿真应用层。网络接口层负责从网卡接收数据并将报文放入 Socket 缓存中；组播协议层负责从 Socket 缓存中读取数据、缓存排序并提交给上层应用；仿真应用层负责对数据报文进行计算处理，完成仿真应用。由于实验证明路由器在仿真过程中通常不会发生丢包，因此网络接口层从网卡读取数据报文的速率基本等于发送方的发送速率为 v_s；组播协议层从网络接口层缓冲中读取数据报文的速率为 v_r；仿真应用从组播协议层缓冲中读取数据并计算处理的速率为 v_p。这三个速率关系密切，且由于速率的不匹配将发生拥塞。

当 $v_s>v_r$ 时，由于网络接口层不保证数据的可靠性，在其缓冲已满的情况下，将覆盖旧数据，或者丢弃新数据，这两种情况都会造成报文的丢失，且丢包往往是连续的一段报文丢失。

当 $v_r>v_p$ 时，组播协议如果要保证数据的可靠传输，必然要对没有得到及时处理的报文进行缓存，此时若 v_r 长时间大于 v_p，则会造成组播协议缓冲区占用量不断增大，系统内存减小，当系统内存减小到一定阈值之后会引起主机性能的恶化，不利于整个仿真的稳定进行。

由以上分析可以看出，分布交互仿真环境中的拥塞主要是由于主机节点上报文收发速率不匹配而造成的，对拥塞的检测和抑制需要根据主机节点的状况综合分析。针对拥塞产生的原因设计不同的拥塞检测和控制方案，包括可由可靠服务节点获取整体情况，通过初始的速率控制进行拥塞避免，同时根据连续丢包的个数和间隔时间判断是否需要进行对发送方的速率调整；同时对应用缓冲区进行监控，在缓冲区占用达到不同阈值的情况下对发送方的速率进行调整。

2. 反馈爆炸

由于组播是“一对多”或“多对多”的数据传输，多个接收方必然产生相同数量的应答，当组播成员扩展到很大时，发送方的处理能力就要经受考验，处理大量应答的开销会导致发送方性能的降低，从而产生对控制信息的闭塞问题。解决这个问题的方法主要是对应答进行一定策略的抑制和合并。但是这会带来反馈延迟的问题。反馈延迟直接影响了对拥塞控制的响应。如何平衡应答抑制和反馈延迟是关键。

3. Drop - to - zero

发送方使用接收方发送的丢失反馈信号调整发送速率时，如果没有合适的综合这些信号的处理机制，就会产生 Drop - to - zero 问题。当多个接收方同时检测到拥塞时，都会发送拥塞信号给发送方，必然引起发送方发送速率的恶化。发送方响应多个拥塞路径产生的拥塞信号之和，大大降低发送方的发送速率，随着接收方的增加，发送方的吞吐量可能减少到零。而分布交互仿真的应用需要仿真节点保持一定的更新频率，对拥塞的过度抑制将影响分布交互仿真的运行。

5.4　基于趋势分析的拥塞控制算法

多对多组播中每个组播组可能存在多个独立的发送方，因此我们以 Sender-Group 作为最小的拥塞控制单位。首先对组播组中的所有发送方速率进行初始化，然后进入拥塞检测阶段，当仿真节点的 SenderGroup 报文缓冲区容量小于阈值 CACHE_ THRESHOLD 时，此时主机节点的拥塞主要是因为报文接收能力不足而产生，表现为组播报文的丢失，可靠服务节点将根据接收方的丢包情况进行拥塞控制；当仿真节点的 SenderGroup 缓冲区容量大于 CACHE_THRESHOLD，此时应用层报文处理能力不足已经成为造成仿真节点拥塞的主要原因，仿真节点将定期计算缓冲区容量的变化趋势，并对发送方进行抑制。上述过程可以表示为：

$$cc\_ratio = x \cdot f(\mathrm{NACK}_i) + (1-x) \cdot g(\mathrm{cacheSize}_j) \tag{5.1}$$

其中，当 cacheSize ≤CACHE_THRESHOLD 时，$x=1$，当 cacheSize>CACHE_THRESHOLD 时，$x=0$。其中 cc_ratio 表示拥塞控制算法综合丢包率变化趋势和缓冲区容量变化趋势而计算出的对发送方进行速率抑制的比例，$f(\mathrm{NACK}_i)$ 表示基于丢包率变化趋势速率抑制比例计算函数，$g(\mathrm{cacheSize}_j)$ 表示基于缓冲区容量变化趋势的速率抑制比例计算函数。

5.4.1 仿真节点发送速率初始化

令 INIT_GROUP_RATE 为组播组发送速率初始值，该值根据仿真节点的性能初始设定。如果仿真节点 N_i 要向组播组发送组播数据，需要先向主控服务进行注册，主控服务器通知负责其组播组的可靠服务节点 R_n 计算该组播组 G_u 的发送方数量，使各个发送方可以均分 INIT_GROUP_RATE 的发送速率，同时向 G_u 所有发送方 N_j、N_k…发出速率设置请求。收到速率设置请求后，发送方 N_j 当前发送速率高于设置请求，则需要降低 N_j 的发送速率；N_k 当前发送速率低于设置请求，说明 N_k 负载较重，不对发送速率进行调整。此后各节点的发送速率随着仿真的运行根据拥塞状况进行调整。我们对该过程举例说明，如图 5 - 2 所示。

我们所做的测试数据表明，当组播组平均发送速率为 12000 ~ 15000 个/s，报文大小为 256 ~ 512B 时，可以在实时性和吞吐量上取得较好的折中。对于多对多组播，当发送方数量增加时，接收方收到的组播数据将成倍增长，因此我们将 15000 作为每个组播组发送速率的

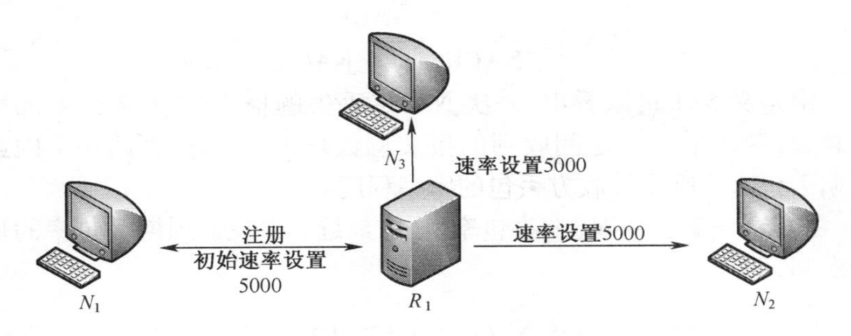

图 5-2 初始速率设置流程

初始值。在图 5-2 中,假设当前组播组 G_1 存在两个发送方 N_1、N_2,它们的当前发送速率分别为每秒 8000 个报文和每秒 4500 个报文。此时发送方 N_3 开始向 G_1 发送数据,N_3 首先向可靠服务节点 R_1 注册,R_1 通知各个发送方初始速率为 15000/3 = 5000。N_3 将 5000 设置为自己的初始发送速率;N_1 当前发送速率大于 5000,因此需要将发送速率降低到初始速率 5000;而由于 N_2 当前发送速率小于 5000,不对其速率进行调整。

5.4.2 基于丢包率变化趋势信息的速率抑制

可靠服务节点基于丢包变化趋势的拥塞检测,是针对由主机接收能力不足而产生的拥塞,并根据主机的丢包情况进行抑制。因为接收方通过 NACK 向可靠服务节点请求丢包重传,因此可靠服务节点能够获取本组播组所有接收方的丢包信息,进而可以方便地通过对丢包情况进行统计,计算出合理的抑制比例并反馈给组播发送方。

可靠服务节点 R_n 通过 NACK 计算加权丢包率,从而确定丢包趋势,当丢包趋势持续增长时,按照公式计算拥塞抑制比例,该组播组发送方按照比例对发送速率进行抑制。令 n_0 表示此 NACK_i 所携带的一次丢包个数总和,n_1 表示 NACK_i 的第一个丢包序号,n_2 表示 NACK_i 的最后一个丢包序号,k 为反馈周期个数,$1 \leqslant k \leqslant m$,$m \geqslant 0$。

定义 5-1 周期丢包率(r_1):两次 NACK 之间的丢失报文数与该时间段内传输的报文总数的比率,即

$$r_1(\mathrm{NACK}_i)=\frac{\mathrm{NACK}_i.\ n_0}{\mathrm{NACK}_i.\ n_2-\mathrm{NACK}_i-1.\ n_2} \tag{5.2}$$

由定义 5-1 可以看出,一次 NACK 丢失的报文数量越多,r_1 的值就越大;两次 NACK 之间收到的报文总数越多,r_1 的值就越小。因此周期丢包率反映了接收方丢包的密集程度。

定义 5-2　加权周期丢包率(r_2):最近 k 次反馈周期丢包率的加权求和,即

$$r_2(\mathrm{NACK}_i)=\sum_{k=1}^{m}(w_k\cdot r_1(\mathrm{NACK}_i-k+1)) \tag{5.3}$$

其中:w_k 为权值,其值为 $w_k=\dfrac{2k}{(1+m)m}$,m 为当前反馈周期数。

对丢包率进行加权处理,能够降低突发情况所产生大量丢包对丢包率变化趋势计算带来的影响,并且可以更好地反映系统的平均丢包情况。

定义 5-3　丢包率变化趋势(l):相邻两个加权丢包率之间的差值,即

$$l(\mathrm{NACK}_i)=r_2(\mathrm{NACK}_i)-r_2(\mathrm{NACK}_{i-1}) \tag{5.4}$$

当 $l(\mathrm{NACK}_i)>0$ 即丢包率变化趋势变大时,仿真节点由于报文接收能力不足而发生拥塞,应进行拥塞抑制。

基于丢包率变化趋势速率抑制比例的计算,假设在 T 的时间内接收方能够接收的报文接收速率为 v_0,发送方的发送速率为 v_1,当前丢失报文数量为 n,则我们根据一个计算模型:发送报文的总数 = 接收报文的总数 + 丢失报文数,得出公式:

$$v_1\cdot T=v_0\cdot T+n \tag{5.5}$$

从而得到 $v_0=v_1(1-\dfrac{n}{v_1\cdot T})$,其中 $\dfrac{n}{v_1\cdot T}$ 为发送速率调整比例。

吞吐量和丢包率之间是一对关系制约的指标,在其他情况固定的条件下,吞吐量提高则将带来丢包率的提高,因此基于丢包率变化趋势的速率抑制的目的是在吞吐量和丢包率之间获得平衡。如果将吞吐量抑制到一个非常低的水平而使丢包率近似为 0,则大大降低了系统的性能并且没有充分利用可靠组播系统中的丢包重传。因此算法中设置一个阈值 l,当 $f(\mathrm{NACK}_i)<l$ 时,便将此次拥塞控制的速率抑制

比例设为0。我们通过 l 的调整实现了吞吐量和丢包率之间的平衡点的设定：如果可靠服务节点性能较好或者组播规模较小则可以将 l 提高，可以更多地发挥可靠组播系统的丢包恢复功能；反之则将 l 降低，通过牺牲更多的吞吐量来保证系统的稳定运行。

根据式(5.3)~式(5.5)的计算，可以得出根据丢包情况对发送方进行拥塞抑制时所需要确定的速率调整比例 $f(\mathrm{NACK}_i)$ 为

$$
f(\mathrm{NACK}_i)=\begin{cases}\dfrac{\sum_{k=0}^{m-1}\mathrm{NACK}_{i-k.n_0}}{\mathrm{NACK}_{j.n_2}-\mathrm{NACK}_{j-m+1.n_1}+1}, & l(\mathrm{NACK}_i)>0\\ 0, & l(\mathrm{NACK}_i)\leqslant 0\end{cases}\tag{5.6}
$$

基于上述定义以及速率调整的计算公式可以判断出何时需要进行拥塞控制以及动态确定发送速率的调整比例，从而达到平衡发送和接收速率的目的。

5.4.3　基于缓冲区占用量变化趋势的速率抑制

多对多可靠组播的仿真节点需要对接收到的报文进行计算处理，当组播接收方上层应用处理数据的速率小于发送方的发送速率时，就会造成接收方缓冲区内大量待处理数据的堆积，从而引起接收方可用内存数量的快速下降而引发性能的恶化，因此对仿真节点缓冲区容量进行监控，在缓冲区占用量加速增长时，对发送速率进行抑制。

令 t_0，t_j 为时间，$\delta_0,\delta_1,\cdots,\delta_n$ 为缓冲区容量检测点阈值。为了对缓冲区占用量进行定期监控，我们在缓冲区中设置多个拥塞检测点，如图5-3所示。

在图5-3中，当缓冲区占用量到达阈值 δ_0 = CACHE_THRESHOLD 后，记录时间点 t_0 以及缓冲区大小 $\mathrm{cacheSize}_0=\delta_0$，并开始缓冲区占用的检

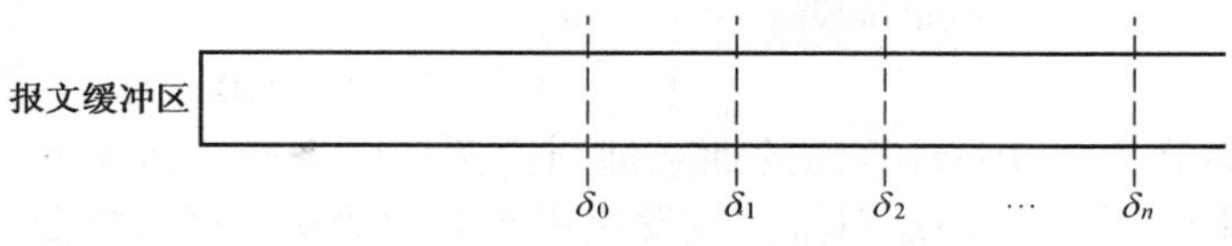

图5-3　缓冲区拥塞检测点

测;每当缓冲区占用量到达一个拥塞检测点($\delta_1,\delta_2,\cdots,\delta_n$),记录当前时刻$t_j$和缓冲区大小 cacheSize_j,根据以上取值确定缓冲区变化趋势,计算拥塞抑制比例并通知发送方依照抑制比例降低发送速率。

定义 5-4 缓冲区占用量变化速度(r_3):从 t_0时刻到 t_j时刻缓冲区占用量变化的速度,即

$$r_3(j)=\frac{\text{bufferSize}_j-\text{bufferSize}_0}{t_j-t_0} \tag{5.7}$$

定义 5-5 缓冲区占用量变化趋势(c):相邻两次缓冲区占用量变化速度的差值,即

$$c(j)=r_3(j)-r_3(j-1) \tag{5.8}$$

当 $c(j)>0$ 时,缓冲占用量加速增长,发生拥塞的趋势明显,需要进行速率抑制;当 $c(j)\leqslant 0$ 时,判断缓冲区占用量呈减速增长或减少,因此不需要进行拥塞抑制,若连续出现这种情况则需要进行速率提升。

当检测到拥塞趋势时,基于缓冲区占用量变化趋势计算出相应的速率抑制比例。假设在 T 的时间内上层应用对报文的处理速率为 v_3,发送方的发送速率为 v_1,此时缓冲区中堆积的报文数量为 m,则我们根据计算模型:发送报文的总数 = 已处理报文的总数 + 堆积报文数,得出公式:

$$v_1\cdot T=v_3\cdot T+m \tag{5.9}$$

从而得到

$$v_3=v_1\cdot\left(1-\frac{m}{v_1\cdot T}\right)$$

其中:$\frac{m}{v_1\cdot T}$为发送速率为了适应报文处理速率的调整比例;$v_1\cdot T$ 为发送方当前发送的报文总数,可通过接收方接收到的报文总数 n_3 近似表示。根据计算,可以得出根据缓冲区拥塞情况对发送方进行速率抑制时所需要确定的调整比例 $g(\text{cacheSize}_j)$为

$$g(\text{cacheSize}_j)=\begin{cases}\dfrac{\text{bufferSize}_j}{n_3}, & c(j)>0\\ 0, & c(j)\leqslant 0\end{cases} \tag{5.10}$$

基于式(5.10)计算出的拥塞抑制比例可以平衡发送速率与报文处理速率,满足应用层对报文收发速率匹配的要求。拥塞控制速率调整的伪代码如下:

```
void SenderSGCarche::ProcessCCRateUpRTPDU(RTPDU * pdu)
{
  //计算提升后的最大发送速率
  float upRatio = pdu - > congestionControlRateUpParameter.rateAdjust-
Para;
  int newMaxRate = static_cast<int>(m_currentRate * (1+upRatio));

  //如果新确定的最大发送速率大于当前的发送速率则进行调整
  if(newMaxRate>m_maxRate)

  {
    m_sendLeft = m_sendLeft + (newMaxRate - m_maxRate);
    m_saxRate = newMaxRate;
    m_sendLeftResetEventHSetBHEvent();
  }

  delet pdu;
}
void SenderSGCache::ProcessCCRateDownRTPDU(RTPDU * pdu)
{
  //计算降低后的最大发送速率
        float          downRatio          =          pdu          -          >
congestionControlRateDownParameter.rateAdjustPara;
  int newMaxRate = static_cast<int>(m_maxRate * (1-downRatio));

  //设置新的最大发送速率,并更新当前时间段内仍可发送的报文数量
  m_sendLeft = m_sendLeft+(newMaxRate-m_maxRate);
  if(m_sendLeft<0)
  {
    m_sendLef = 0;
  }
  m_maxRate = newMaxRate;
  m_sendLeftResetEvent.SetBHEvent();

  delete pdu;
}
```

5.4.4 随机推迟的拥塞反馈抑制

为了避免速率抑制反馈过多而造成的“反馈爆炸”问题，接收方在检测到缓冲区占用量变化趋势将导致拥塞产生时，首先向可靠服务节点发出拥塞控制请求，此后接收方进入反馈抑制阶段，设置随机推迟的定时器。在反馈抑制阶段中接收方即使检测到拥塞，也不会向可靠服务节点发送拥塞控制请求，当反馈抑制阶段结束，发送方已经对速率进行抑制后，如缓冲区占用量变化趋势仍然没有好转，则再次发送拥塞控制请求。

多对多组播，每个组播组内存在多个接收方，当多个接收方同时检测到拥塞时，需要防止多个接收方的速率抑制反馈造成 Drop - to - zero 问题，我们通过可靠服务节点对速率抑制请求进行处理，可靠服务节点采用“基于最差条件的过滤”进行拥塞抑制，通过 NACK 计算 SenderGroup 的速率抑制比例时，只取当前时间段内丢包率最高接收方的速率抑制比例对发送方进行抑制，并同样通过设置随机推迟的定时器，当反馈抑制阶段结束后，再次发送速率抑制反馈。拥塞反馈的抑制算法如图 5 - 4 所示。

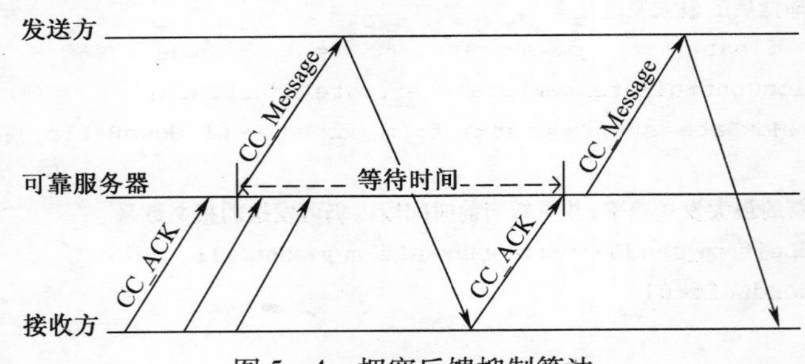

图 5 - 4　拥塞反馈抑制算法

基于趋势分析的拥塞控制算法，根据分布交互仿真环境中拥塞产生的原因，从报文接收能力和报文处理能力两方面对算法进行了设计；可靠服务节点通过 NACK 可获得各个仿真节点的丢包和拥塞情况，由可靠服务节点进行统一决策能够更加准确地衡量系统的总体拥塞情况，并对同一组播组的多个发送方之间进行协调；给出丢包率变化趋势和缓冲区占用量变化趋势的定义,及时预测拥塞情况,避免了网络正常抖动带来的不必要的拥塞控制开销;根据接收方丢包率和缓冲区的变化,通过计算模型动态确定速率抑制比例,适当地调整拥塞抑制的程度,使分布交互仿真系统可以保持较稳定的通信状态。

基于趋势分析的拥塞控制算法速率控制处理过程的伪代码为:

```
int SenderSGCache::SendDate(RTPDU * pdu,U16 groupID)
{
  if(pdu->length>MAX_RTPDU_DATA_LENGTH)
  {
    return SOCKET_ERROR;
  }
  m_lockCache.getWriteLock();
  while(m_cache.size()>MAX_SEND_CACHE_SIZE)     //控制缓部区容量
  {
    m_lockCache.releaseWriteLock();
    m_pduDealedEvent.WaitBHEvent();
    m_lockCache.getWriteLock();
  }
  while(m_sendLeft<=0)       //控制发送速度
  {
    m_lockCache.releaseWriteLock();
    m_sendLeftResetEvent.WaitBHEvent();
    m_lockCache.getWriteLock();
  }
  m_cache.push_back(pdu);       //将报文放入发送缓存并组播
  m_lockCache.releaseWriteLock();
  return m_mn->m_MCChannel.SendRTPDU(pdu,groupID);
}
```

5.5 算法分析

由于可靠服务节点在负责丢包恢复的同时对丢包趋势进行监控,同时接收仿真节点的拥塞反馈,对丢包趋势和缓冲区容量变化趋势进行综合,选取适当的一方作为速率控制的参数。这样的机制使得可靠组播的拥塞可以迅速地被检测并进行适当比例的速率调整。当拥塞控制算法降低发送方发送速率时,仿真节点的丢包率增长和缓冲区占用趋势均得到改善,减轻了拥塞现象。因此在基于趋势分析的拥塞控制算法控制下,仿真节点的带宽占用量在相对稳定的范围内波动,不会产生剧烈变化。

多个发送方同时向某个组播组发送数据的过程中,存在流量竞争的问题,如果算法控制不当,则有可能造成组播组发送方的发送速率差异过大。此算法对同一个组播组中的发送方进行统一控制,通过相同的拥塞抑制策略保证公平地满足各个发送方的需求。

该算法为每个组播组设置了初始发送速率上限,每个向该组发送数据的节点需要均分带宽,在系统运行初期发送方具有公平的竞争带宽的能力。算法根据接收方的丢包情况对发送方进行速率抑制,组播组内发送方之间的流量竞争具有公平性。

5.6 实验及数据分析

拥塞控制算法的目的是在系统的吞吐量与拥塞之间找到一个平衡,使系统在不发生拥塞的情况下达到最大的吞吐量。我们从公平性、吞吐量、延迟抖动等指标上比较各个拥塞控制算法的有效性。

5.6.1 实验环境

多对多可靠组播的实验环境包括网络环境、主机环境及对比系统。下面分别对它们进行介绍。

1. 网络环境

本测试在北京航空航天大学新主楼 G 座 729 室进行,本测试的网络拓扑如图 5-5 所示。

在图 5-5 中,测试网络主干拓扑结构采用了星型结构,主干为交换式百兆以太网,路由器采用华为 Quidway S3900 Series。

2. 主机环境

10 台主机(VR01 ~ VR10),CPU 为 Pentium D 3.40GHz,内存 1GB,操作系统为 Windows XP Professional。

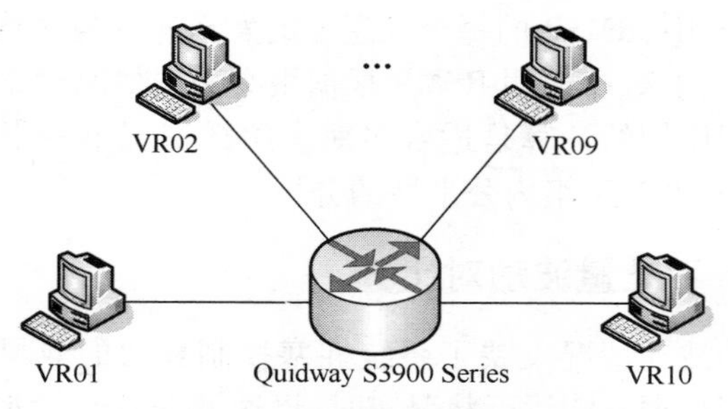

图 5-5　测试环境网络拓扑

3. 测试对比系统

可靠组播测试对比系统包括 RMSP、RMMS、TCP Exploder 和 ACE RMCast。

5.6.2　组内公平性

本实验引入组内公平性的指标,反映当组播组存在多个发送方时各个发送方的速率差异,从而衡量组内发送速率的公平性。实验以一台主机作为可靠服务节点,七台主机同时作为发送方和接收方,它们处于同一个组播组中,测试随着报文长度变化发送方之间流量竞争的情况。组内公平性测试结果图 5-6 所示。

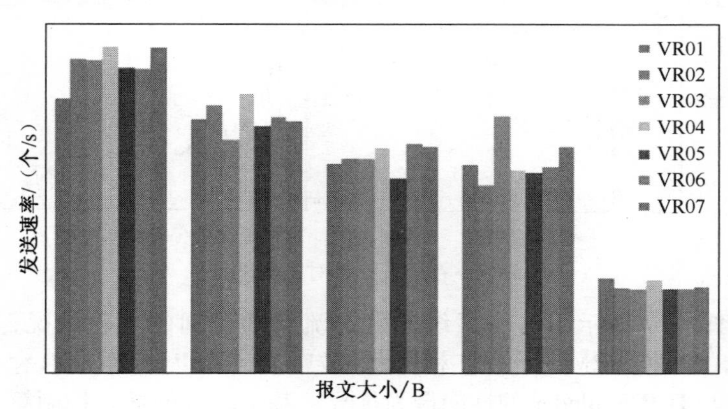

图 5-6　RMSP 组内公平性测试结果

在图 5－6 中，RMSP 的每个发送方的发送速率与平均发送速率的偏差在 10%以内，数据表明 RSMP 根据报文丢失情况对系统拥塞的判断和速率抑制比例的计算是适合多对多组播情况下的发送方流量竞争的，验证了本书对于组内公平性的分析。

5.6.3　吞吐量波动对比

吞吐量的波动情况反映了系统拥塞控制算法的效果。良好的拥塞控制算法能根据系统运行状况实时、迅速调整吞吐量水平并保持其波动的相对平稳。我们测试了在 3 对 3 组播规模、128B 报文长度的情况下各个系统的吞吐量抖动情况，测试结果如图 5－7 所示（通过 Windows 任务管理器实时获取主机网卡流量的情况）。

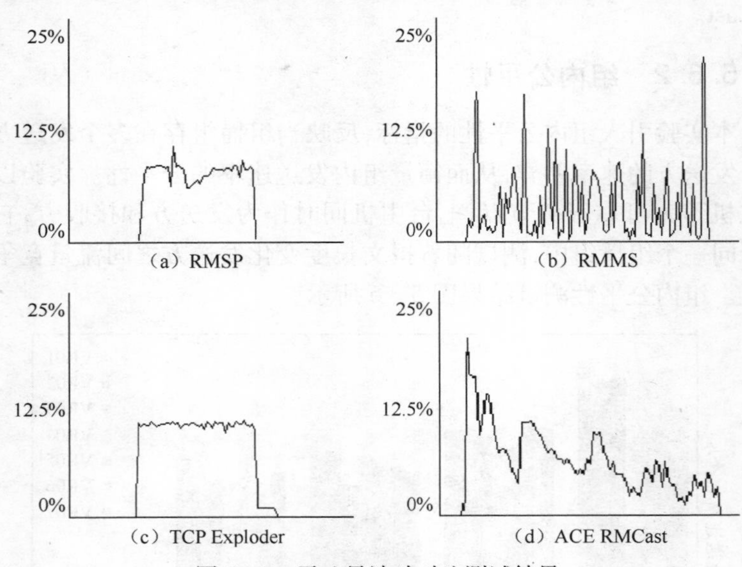

图 5－7　吞吐量波动对比测试结果

图 5－7 显示了各个系统的发送流量随时间的变化情况，其中 RMMS 和 ACE RMCast 的速率波动比较明显，RMSP 基本稳定，存在小幅波动，TCP Exploder 的性能最为优异。基于趋势的拥塞控制算法通过对初始发送速率的限定、拥塞抑制比例的实时计算保证了发送速率

总是能够依据系统的整体情况保持平稳水平，抖动不明显。稳定的吞吐量水平有利于可靠组播系统长期、稳定地运行，减少因为频繁波动带来系统性能的降低。

5.6.4　平均往返延迟对比

本实验测试在同样的环境中，不同可靠组播系统在平均往返延迟方面的表现。实验中组播组接收方数量逐渐增大，统计平均往返延迟的变化情况。因为数据报文的传输延迟和当时的吞吐量水平有很大的联系，我们同时给出了测试时的发送速率。实验结果如表5-1所列。

表5-1　平均往返延迟对比测试结果

（延迟单位：ms，发送速率单位：个/s）

接收方数量	RMSP		RMMS		TCP Exploder		ACE RMCast	
	延迟	发送速率	延迟	发送速率	延迟	发送速率	延迟	发送速率
1	1.210	23083	2.397	17549	1.867	366198	1.478	5222
2	1.156	23120	2.505	17574	17.423	19793	1.680	5334
3	1.184	23125	2.587	17571	23.003	13387	2.033	5178
4	1.183	23235	2.642	17482	31.065	10198	2.899	5154
5	1.199	23133	2.673	17522	40.933	8912	4.534	5101
6	1.201	23245	2.699	17512	47.930	6634	4.589	5202

在表5-1中，TCP Exploder的平均往返延迟随着接收方规模的增大而迅速增加，同时发送速率也有所下降；ACE RMCast往返延迟可控制在5ms以内，但吞吐量水平比较低；RMSP在较高的吞吐量水平下保持了较低的平均往返延迟，且性能略高于RMMS。实验结果表明，基于趋势分析的拥塞控制算法在保持系统吞吐量的平稳且较高水平的同时，报文的传输延迟也具备良好的性能。

5.7　小　　结

可靠组播中的拥塞控制十分重要，本章对拥塞控制算法的现状进行了分类,针对分布交互仿真中拥塞产生的原因进行了分析,提出一种基于趋势分析的多对多可靠组播拥塞控制方法,该方法针对多对多可靠组播模型拥塞主要发生在仿真节点的特点,通过可靠服务节点对丢包率变化趋势进行监控,在仿真节点对缓冲区变化趋势进行监控并将拥塞及时反馈给可靠服务节点,算法对拥塞的发生进行预测与控制,避免因拥塞造成节点丢包率的剧烈变化,从而降低拥塞队分布交互仿真中的分布交互仿真正常进行的影响。我们通过一系列实验验证了拥塞控制算法的有效性。

第六章

多对多组播传输系统集成与实验

本章讨论组播传输模型的实现方式以及与本实验室自主研发的分布交互仿真运行平台 BH RTI 2.3 的结合方法。通过实验数据可以看出,基于广域网网关的组播传输模型的关键技术与算法为分布交互仿真在广域网上的应用提供了组播传输的可靠支持。

6.1 概　　述

基于广域网网关的组播传输模型包括域间的应用层组播传输和域内的可靠组播传输,需要采用不同的实现机制进行系统集成。本章分别对域内可靠组播模型和域间广域网网关的集成方法进行了研究,并对系统进行了集成测试。测试数据表明该组播传输模型可以满足分布交互仿真的应用需求,在功能和性能上都具有良好的表现。

6.2 可靠组播模型的集成与测试

基于可靠服务节点的域内可靠组播模型为局域网内的分布交互仿真数据提供了可靠传输的支持。根据前面提出的关键算法,我们设计并实现了可靠组播传输系统 RMSP,并对 RMSP 的传输性能进行了测试。

6.2.1 可靠组播模型系统 RMSP 的实现

可靠组播传输系统是根据第二章中提出的域内多对多可靠组播

模型所设计的,并通过主控服务器对可靠服务节点和仿真节点统一管理。该系统的总体结构如图 6-1 所示。

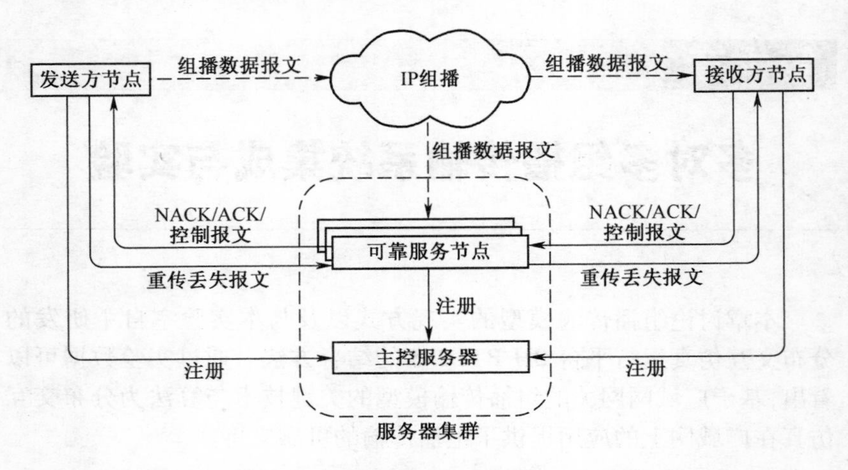

图 6-1　可靠组播系统总体结构

可靠组播模型由三个部分组成:主控服务器(Management Server)、可靠服务节点集群(Reliable Server)、仿真节点。

主控服务器是整个模型的管理者,担负了系统初始化时的配置工作,并且负责组织协调各可靠服务节点及仿真节点之间的对应关系。主控服务器接受仿真节点和可靠服务节点注册,为其分配一个全局唯一的 ID;生成并维护 Group-Reliable Server 映射表配置文件;接受仿真节点加入退出组播组的可靠 UDP 单播,通知可靠服务节点加入退出组播组;接受可靠服务节点迁移请求,并负责组播组迁移过程的协调。

可靠服务节点是提供可靠服务的主体,负责备份报文并且对仿真节点丢包进行恢复。可靠服务节点接受仿真节点的组播,缓存报文备份 PDU;接受仿真节点的 NACK 请求,查找相应报文备份以可靠单播的方式发送给仿真节点;负责维护组播组成员信息;监测仿真节点及自身的丢包状况,调整仿真节点发送速率。

1. 消息格式及消息传输通道设计

可靠组播系统之间的通信是基于消息传递的,需要定义通用的交互数据格式及通信方式。下面给出消息格式以及消息传输通道的定义与设计。在 RMSP 中,分布式的节点之间通过 RTPDU 交换数据及控制信息。对模型的通信数据进行分析后,我们设计了统一的 RTPDU 格式,如图 6-2 所示。

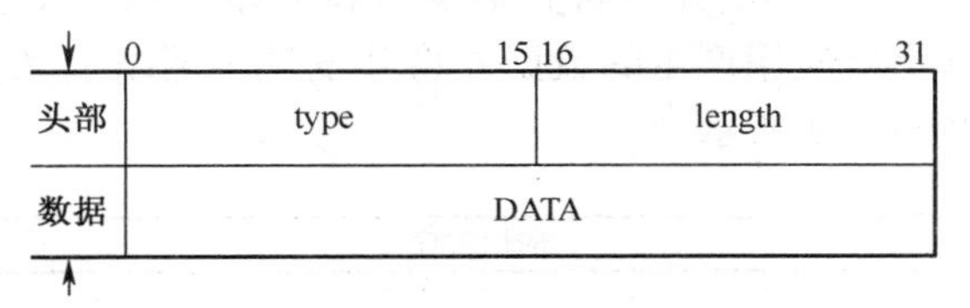

图 6-2 RTPDU 结构

在图 6-2 中,RTPDU 由头部和数据两部分信息构成。其中头部占 32bit 空间,主要标明了 RTPDU 的类型以及该 RTPDU 的总长度;数据部分根据不同类型的 RTPDU 所包含的内容及长度都有所区别,RTPDU 类型如表 6-1 所列。

表 6-1 RTPDU 类型

类 型	编号	含 义
RELIABLE_DATA	1	可靠报文
RETRANSMISSION_DATA	2	重传报文
EXPIRE_DATA	3	过时报文
REGISTER	4	N_i、R_n与主控服务器建立连接
REGISTER_RESPONSE	5	主控服务器的建立连接应答报文
LOGOFF	6	N_i、R_n断开与 MS 的连接
JOIN_GROUP	7	加入组播组
JOIN_GROUP_RESPONSE	8	加入组播组确认消息
LEAVE_GROUP	9	退出组播组
DATA_ACK	10	数据报文确认
DATA_NACK	11	重传请求报文
SENDER_GROUP_ATTRIBUTE	12	通知 SenderGroup 的属性
SENDER_GROUP_ATTRIBUTE_REQUEST	13	请求 SenderGroup 数据属性报文
INITIAL_RATE_INFORM	14	初始发送速率设定报文
LAST_RELIABLE_DATA_NUMBER_INFORM	15	组播组最后发送报文序号通知报文
CONGESTION_CONTROL_REQUEST	16	拥塞控制请求报文
CC_RATE_UP	17	速率提升报文
CC_RATE_DOWN	18	速率抑制报文

2. 仿真节点

仿真节点的组播功能以库的形式提供给可靠组播的使用人员,它从网络上接收组播数据并将符合数据传输要求的报文提交给上层应用,同时处理上层应用产生的数据并将其发送至网络上。仿真节点的模块结构如图6-3所示。

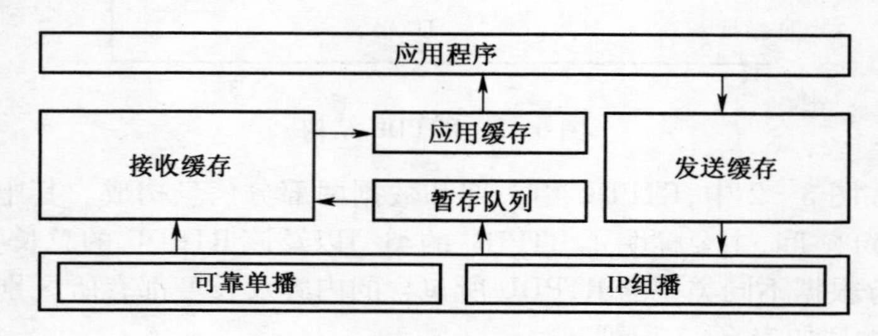

图6-3 仿真节点结构图

在图6-3中,箭头表示数据报文在各个模块之间的传递方向。仿真节点包括四个重要的数据缓冲区,所有的操作都是对这四个数据缓冲区进行的。其中发送缓存属于发送模块,暂存队列、接收缓存和应用缓存属于接收模块。仿真节点组播库为上层应用提供组播数据的发送/接收接口,主要包括:

```
//加入/退出组播组
void JoinMulticastGroup(U16 groupID);
void LeaveMulticastGroup(U16 groupID);
void JoinMulticastGroup(U32ip);
void LeaveMulticastGroup(U32 ip);

//供发送方设置组播组数据属性
void SetAttributes(U16 groupID,U32 lossTolerance,bool needOrder,U32
latency);
void SetAttributes(U32 ip,U32 lossTolerance,bool needOrder,U32 la-
tency);

//发送/接收数据
int SendReliable(void * data,int length,U16 groupID);
int SendReliable(void * data,int length,U32 ip);
int ReceiveReliable(char * data);
```

6.2.2 实验环境

多对多可靠组播的实验环境包括网络环境、主机环境及对比系统。下面分别进行介绍。

1. 网络环境

本测试在北京航空航天大学新主楼G座729室进行，本测试的网络拓扑如图6-4所示。

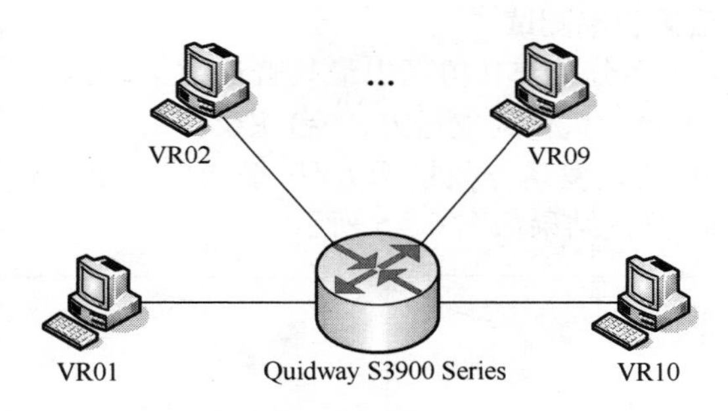

图6-4　测试环境网络拓扑

在图6-4中，测试网络主干拓扑结构采用星型结构，主干为交换式百兆以太网，路由器采用华为Quidway S3900 Series。

2. 主机环境

10台主机（VR01～VR10），CPU为Pentium D 3.40GHz，内存1GB，操作系统为Windows XP Professional。

3. 测试对比系统

可靠组播测试对比系统包括RMSP、RMMS、TCP Exploder和ACE RMCast。RTI测试对比系统包括BH RTI、DMSO RTI和MAK RTI。BH RTI是由北京航空航天大学虚拟现实技术与系统国家重点实验室研究并开发的一套基于HLA标准的分布交互仿真运行平台，采用BH RTI 2.3版本作为测试平台；DMSO RTI由美国国防部建模与仿真办公室（Defense Modeling and Simulation Office，DMSO）支持开发，采用DMSO RTI 1.3NGv6版本作为测试平台；MAK RTI由美国MAK公司开发，采用MAK RTI 3.0版本作为测试平台。

6.2.3 原始丢包率测试

丢包率是指接收方实际接收到的报文数量与应该接收到的报文数量的比值。丢包率是衡量可靠组播系统可靠性最直接的性能参数。在相同的硬件环境条件中，我们对 IP 组播的丢包率进行了测试，并测试了 RMSP 实现后系统的原始丢包率。由于 RMSP 对组播初始速率的控制及拥塞控制机制的作用，RMSP 实现后系统的原始丢包率显著减小。

1. IP 组播丢包率测试

本测试采用在分布交互仿真中最具普遍意义的报文大小即 256B 进行测量，以 N 台主机作为发送方，一台主机作为接收方，它们处于同一个组播组中，测量发送方数量增大时，平均发送速率和接收方丢包率的变化情况，测试结果如图 6－5 所示。

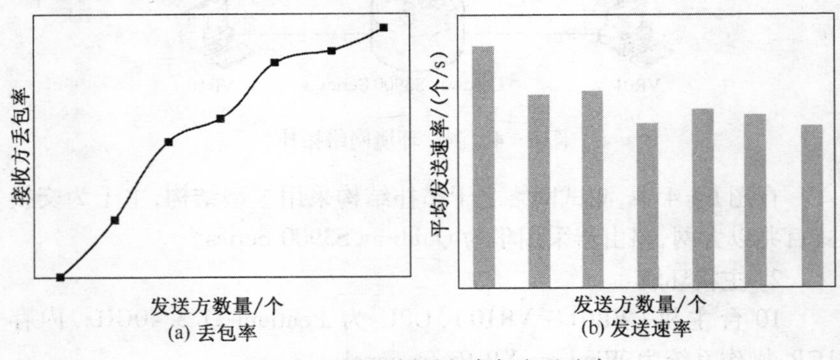

图 6－5　IP 组播丢包率与发送速率

在图 6－5 中，随着发送方数量的增多，在 IP 组播的平均发送速率没有明显变化的情况下接收方丢包率迅速上升。说明 IP 组播不能根据接收方的能力对发送速率进行调整，各发送方在网络条件允许的情况下，各自尽力发送数据，当总发送速率超出接收方处理能力时，造成严重的丢包。随着主机数量的增加，网络流量也呈现上升趋势。网络流量增加了网络和主机的负载，加剧了数据包的丢失。

2. RMSP 原始丢包率测试

在可靠组播系统中，我们定义原始丢包率为接收方检测到丢失的报文数量与应该接收到的总报文数量的比值。本测试采用一台主机作为可靠服务节点，以 N 台主机作为发送方，一台主机作为接收方，它们处于同一个组播组中，测试当发送方数量和报文长度变化时，RMSP 的原始丢包率水平。测试结果如表 6－2 所列。

表 6－2　RMSP 原始丢包率

发送方数量	原始丢包率					
	16B	64B	128B	256B	512B	1024B
1	0	0	0	0	0	0
2	0.004	0.017	0.013	0.006	0.048	0.102
3	0.005	0.037	0.034	0.025	0.096	0.134
4	0.006	0.043	0.059	0.065	0.124	0.144
5	0.041	0.105	0.125	0.127	0.178	0.192
6	0.011	0.065	0.101	0.104	0.123	0.203
7	0.015	0.067	0.133	0.077	0.145	0.211

根据表 6－2 的情况可以看出，RMSP 的原始丢包率水平可以基本保持在 20%以下，256B 以下的报文更是保持在 12%以下。RMSP 中的拥塞控制系统，在当系统丢包率显著上升时控制系统参与速率调节，通过拥塞抑制作用，收发双方的速率达到了基本匹配，从而降低了原始丢包率。较低的原始丢包率有利于防止因为高丢包率造成拥塞现象急剧恶化，保证了可靠组播系统稳定的吞吐量和传输延迟。

6.2.4　RMSP 吞吐量测试

吞吐量，在发送方表示为报文发送速率，在接收方表示为报文接收速率。在对可靠组播系统的测试中约定吞吐量的单位是每秒传输的报文个数（个/s）。吞吐量表现了可靠组播系统对数据报文的处理能力，反映了系统在丢包恢复和拥塞控制的共同作用下仿真节点收发速率平衡时的报文通信量，是衡量可靠组播系统性能的一个重要参数。

1. 一对多吞吐量测试

一对多数据传输是组播系统中最简单的传输模式，即由一个组播源向多个组播接收方传输数据。本测试以一台主机作为可靠服务节点,一台主机作为发送方,N 台主机作为接收方,它们处于同一个组播组中,测量在接收方规模和报文长度变化时吞吐量的变化情况。本测试中采用发送速率作为吞吐量的表征指标。测试结果如图 6-6 所示(因吞吐量水平差异不大,选取 16B 和 256B 作为代表)。

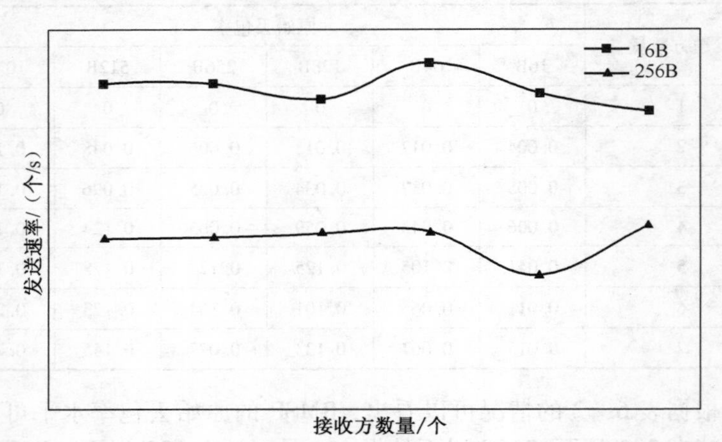

图 6-6　RMSP 一对多吞吐量测试结果

在图 6-6 中,随着组播组接收方数量的增加,RMSP 的发送速率并未出现明显波动,16B 报文的发送速率平均保持在每秒 23400 个报文以上,256B 报文的发送速率维持在每秒 23200 个报文以上。实验结果表明,组播组接收方规模的变化并未对 RMSP 的系统吞吐量水平造成明显的影响,RMSP 在一对多的吞吐量测试中表现稳定,能够适应组播组规模动态变化的分布交互仿真应用。

2. 多对一吞吐量测试

多对一的数据传输是指多个发送方同时向一个组播接收方进行报文传输,随着发送方数量的增多,组播组的总流量将呈线性增长,此时需要可靠组播系统在组播流量抑制方面的作用。本测试以一台主机作为可靠服务节点,一台主机作为接收方,N 台主机作为发送方,测量随着发送方数量和报文长度变化时系统吞吐量的变化情况。本测试采用接收方接收速率作为衡量系统吞吐量的表征指标。测试结果如图 6－7 所示。

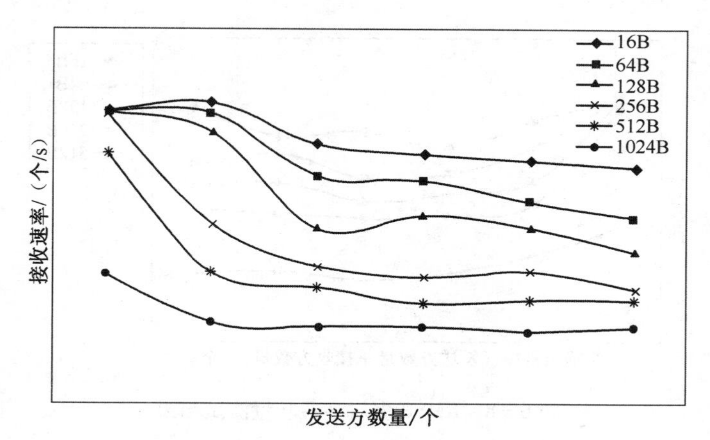

图 6－7　RMSP 多对一吞吐量测试结果

在图 6－7 中，当发送方规模较小时，接收速率比较高；当发送方数量增加时，接收速率有所下降，但是发送方增加到 3 以上时，接收速率随着发送方数量的增加而趋于稳定，16B 报文接收速率稳定在每秒 19000 个报文以上，256B 报文基本稳定在每秒 12000 个报文以上。RMSP 的拥塞控制根据接收方的丢包率变化情况对拥塞进行检测，并通过实时计算抑制比例对发送方速率进行及时调节。实验结果表明随着发送方规模的扩大，系统吞吐量维持在较高的水平上并且趋于稳定，在多发送方的组播通信中表现出良好的性能。

3. 多对多吞吐量测试

多对多组播是分布交互仿真应用中最常用的数据通信方式，它表示同一个组播组存在多个发送方，也同时存在多个接收方，每个仿真节点既是发送方也是接收方。在这种关系下，组播组规模的扩大对于系统的影响将是非线性的。本测试以一台主机作为可靠服务节点，N 台主机同时作为发送方和接收方（既发送组播数据，又接收其他节点的组播数据），它们处于同一个组播组中，测试随着组播组规模和报文长度变化时系统吞吐量的变化情况。本测试采用接收方接收速率作为衡量系统吞吐量的表征指标。测试结果如

图 6－8所示。

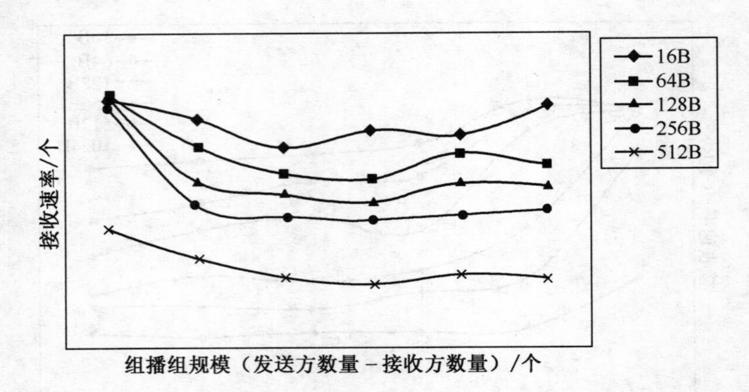

图 6－8 RMSP 多对多吞吐量测试结果

在图 6－8 中，16B 报文接收速率稳定在每秒 20000 个报文左右，256B 报文基本稳定在每秒 12000 个报文以上，并且随着组播组规模的增大，系统的吞吐量波动保持在 10% 以内。实验表明，组播组规模增长对组播通信带来的非线性影响并未造成 RMSP 吞吐量的强烈波动，拥塞控制系统对吞吐量的调节是有效的，RMSP 在多对多的组播通信中表现出较好的性能，能够满足分布交互仿真应用的通信需求。

6.2.5 平均往返延迟测试

报文传输延迟是网络的常用性能测试指标。为了避免由于发送方主机与接收方主机时钟不一致所造成的误差，测量报文从发送到由接收方回传至发送方的往返延迟。为了反映实际应用中的延迟情况，使用组成员的平均往返延迟这一性能指标。测试方法为发送方定期将包含本地测试信息的数据发送至组中，组中所有成员收到此报文后回传至发送方，发送方根据返回值计算平均往返延迟。

本实验以一台主机作为可靠服务节点，一台主机作为发送方，N 台主机作为接收方，它们处于同一个组播组中，测量在接收方规模和报文长度变化时平均往返延迟的变化情况。测试结果如图 6－9 所示。

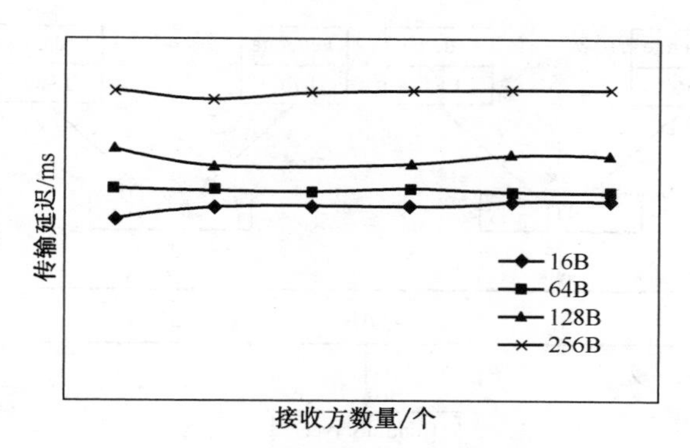

图 6-9 RMSP 平均往返延迟测试结果

在图 6-9 中,一对多吞吐量测试情况可知发送速率均稳定在每秒 23000 个报文以上,在此吞吐量水平的基础上,16B 报文的平均往返延迟保持在 0.8ms,256B 的报文平均往返延迟保持在 1.2ms,且随着接收方数量的增长,平均往返延迟趋于稳定,差异波动在 5%以内。根据 6.2.2 小节的测试结果可以看出,通过 RMSP 的拥塞抑制系统的作用,丢包率水平在 256B 以下时能保证稳定在 10%以下的水平,因此 90%以上的可靠组播报文能以 1.2ms 以下的往返延迟进行传输,保证了分布交互仿真应用对报文传输实时性的要求。

6.3 BH RTI 2.3 集成可靠组播的设计

我们分析了分布交互仿真运行时传输平台 BH RTI 2.3 的总体结构,研究了将 RMSP 集成到 BH RTI 2.3 中的方法,并对集成前后的传输性能进行对比测试,并将集成 RMSP 后的 BH RTI 2.3 与其他典型的 RTI 软件进行了对比测试。BH RTI 2.3 在分布式多服务器网络架构运行平台的基础上,针对一些需要全局协调的管理服务设置协调服务器(CentralServer)。这种方式既保持了分布式 RTI 在可扩展性和数据管理方面的优势,又可以简化分布式节点协调全局信息的复杂性。其总体结构主要包括 LRC、RTI 和 CentralServer 三个部分,如图 6-10 所示。

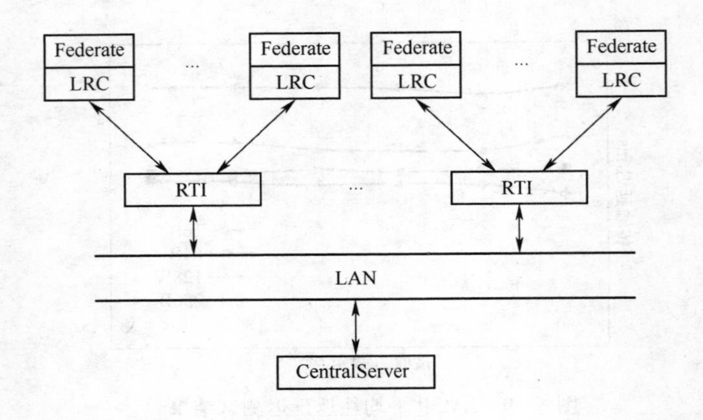

图 6-10 BH RTI 2.3 总体结构图

在图 6-10 中,LRC 为本地 RTI 组件,负责 RTI 和应用程序之间的交互,直接向仿真节点提供服务。RTI 具体实现 HLA 的管理服务内容,与上层的 LRC、其他的 RTI 和协调服务器进行通信。CentralServer 对需要全局协调的管理服务进行协调管理,并负责一定的全局数据的保存和计算。在分布交互仿真应用中,数据量通常比较大,需要采取合适的过滤机制降低网络和主机负载。

为满足上层仿真应用对不同数据类型的传输要求,BH RTI 2.3 根据 HLA 标准的规定设置了 reliable 和 best-effort 两种数据传输类型。规定为 reliable 的数据要求可靠,数据的丢失与否对仿真的影响很大。规定为 best-effort 的数据对实时性的要求更高,不要求数据传输一定可靠,数据的到达也可以是无序的。用户根据特定的消息需求选择合适的传输类型。传输类型在配置文件中进行定义,获取过程如图 6-11所示。

在图 6-11 中,FOM 文件是联盟中各对象类及其属性、交互类及其参数的信息的定义配置文件,包括它们的传输类型。应用程序初始化时,读入配置文件,将对象类属性或交互类的约定传输类型记录在 LRC 中。在数据传输方面,LRC 与 RTI 间建立 TCP 连接,保证通信的可靠性,但 RTI 间的 IP 组播通信方式会产生丢包,需要使用可靠传输服务来保证 RTI 间通信的可靠性。

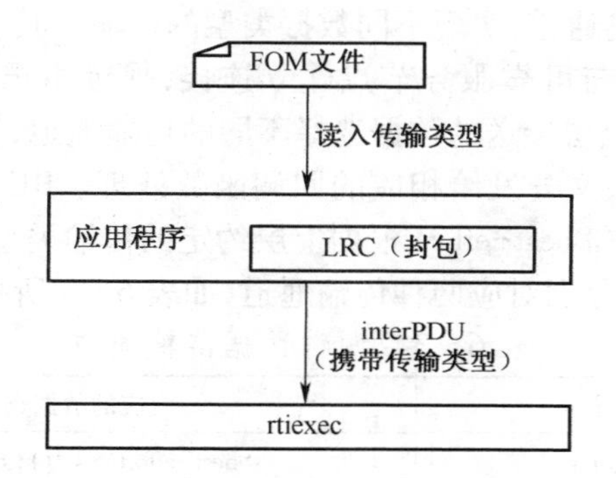

图 6-11　BH RTI 2.3 中数据传输类型的确定

BH RTI 2.3 采用分布式结构，仿真节点之间的通信具有组通信的特点。集成可靠组播能够保证数据的可靠性。在对 BH RTI 2.3 进行结构分析和对可靠组播深入研究的基础上，我们设计了 BH RTI 2.3 集成可靠组播的具体方案，如图 6-12 所示。

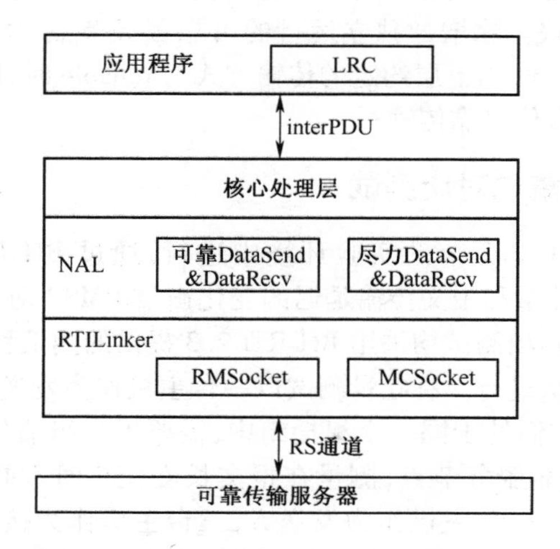

图 6-12　BH RTI 2.3 集成可靠组播模块图

从图 6-12 可以看出，BH RTI 2.3 中可靠组播集成主要涉及 NAL

层和 RTILinker 层的修改。根据仿真应用的需求,在 RTILinker 层设计了两种数据传输通道,实现不同数据类型的传输。其中,RMeSocket 为可靠组播通道,与可靠服务节点建立连接,保证组播数据的可靠性。NAL 层负责为上层传送的数据选择不同的传输通道,同时对不同传输通道上接收的报文分发给相应的回调函数处理。BH RTI 2.3 中的两种数据 reliable 和 best-effort 根据上层约定的传输类型确定,是仿真应用传入的数据,分别对应两种传输通道,如表 6-3 所列。

表 6-3　两种数据传输通道

传输通道	对应的数据类型
MC 通道	best-effort(尽力)传输数据
RM 通道	reliable(可靠)传输数据

集成后的 BH RTI 2.3 中底层通信的传输通道分别为 MC 通道和 RM 通道。MC 通道是组播通道,传输不可靠数据,当上层约定的传输方式为 best-effort(不可靠)时,RTI 调用 RTILinker 中的 MCSocket 模块的相应接口通过 MC 通道传输数据。RM 通道为可靠组播通道,是主要的集成模块。除增加独立运行的可靠服务节点,RTILinker 中增加 RMSocket 模块,当上层约定的传输方式为 reliable 时,RTI 调用 RMSocket 为数据提供可靠传输。

6.3.1 集成对比测试

本测试在 6.2.2 节的实验环境中进行,通过 BH RTI 2.3 集成 RMSP 前后吞吐量和报文传输延迟的变化衡量 RMSP 对 BH RTI 性能方面的影响。两项测试均采用 BH RTI 2.3 提供的测试程序,按照 RTI 的典型测试方法进行。吞吐量测试以一台主机作为发送方,三台主机作为接收方,它们处于同一个组播组中,需要可靠组播的情况下以一台主机作为可靠服务节点,测量在报文长度变化时吞吐量的变化情况。延迟测试以一台主机作为发送方,三台主机作为接收方,它们处于同一个组播组中,需要可靠组播的情况下以一台主机作为可靠服务节点,测量在报文长度变化时平均单路延迟的变化情况。测试结果如图 6-13、图 6-14 所示。

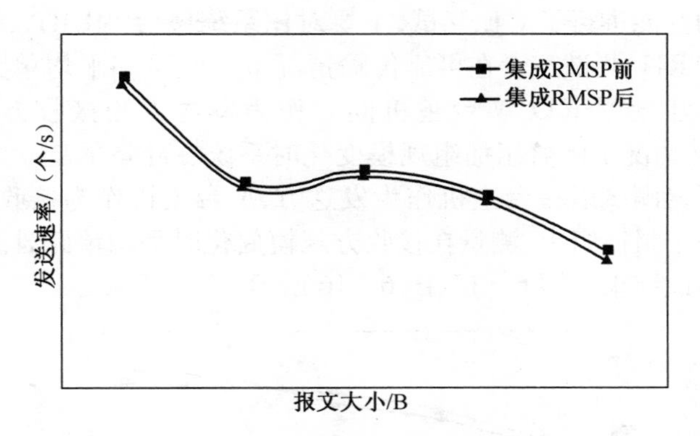

图 6－13　BH RTI 2.3 集成 RMSP 前后吞吐量变化

在图 6－13 中,BH RTI 集成 RMSP 前后报文吞吐量基本没有变化,表明 RMSP 对 BH RTI 2.3 的报文传输的吞吐量影响较小。

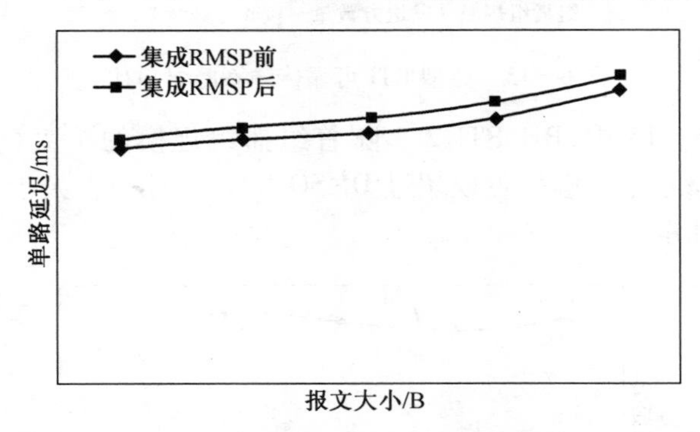

图 6－14　BH RTI 2.3 集成 RMSP 前后平均单路延迟变化

在图 6－14 中,BH RTI 集成 RMSP 前后报文平均单路延迟变化不大(差异均在 0.04ms 以内),表明 RMSP 对 BH RTI 2.3 的报文传输影响较小。RMSP 集成到 BH RTI 2.3 中的性能测试结果表明 RMSP 对 BH RTI 2.3 组播的吞吐量和传输延迟影响较小。

6.3.2　与典型 RTI 对比测试

为了验证 RMSP 的可靠组播传输性能,我们对不同 RTI 在可靠传输方面的性能进行了对比测试,主要对比系统包括 BH RTI、MAK RTI 和 DMSO RTI,测试三者在可靠传输情况下吞吐量和平均单路延迟的对比。吞吐量测试以 N 台主机同时作为发送方和接收方,测试在 256B 报文情况下随着组播组规模变化时系统吞吐量的变化情况。平均单路延迟测试以一台主机作为发送方,N 台主机作为接收方,它们处于同一个组播组中,测量在接收方规模变化时平均单路延迟的变化情况。测试结果如图 6-15、图 6-16 所示。

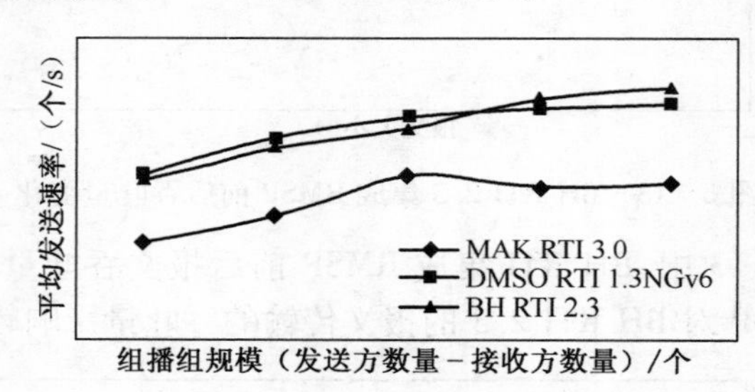

图 6-15　典型 RTI 可靠传输吞吐量对比

在图 6-15 中,BH RTI 2.3 随着组播组规模的扩大(大于三台时),吞吐量水平能够接近或超过 DMSO RTI,并且一直大于 MAK RTI 的平均吞吐量。

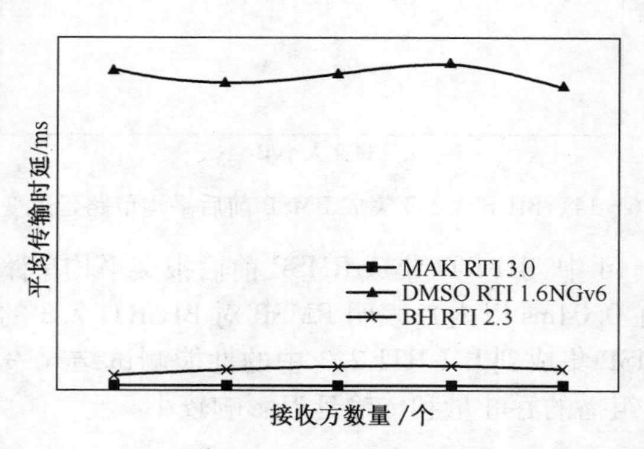

图 6-16　典型 RTI 可靠传输性能对比测试结果

在图 6-16 中,BH RTI 2.3 随着组播组规模的扩大,在报文传输的平均单路延迟上表现出良好的性能，远远优于同等条件下DMSO RTI，而MAK RTI的平均单路延迟最小。

对典型RTI中的可靠传输的对比测试结果表明BH RTI中的可靠传输在规模较大的情况下具有较高的吞吐量水平，同时BH RTI在报文传输单路延迟上接近于MAK RTI，远好于DMSO RTI。

6.4　广域网网关的集成与测试

广域网网关负责实现不同局域网之间的数据通信，每个广域网网关之间都通过应用层组播连接。从局域网内看，网关代表了广域网上的仿真运行情况，局域网中的仿真应用程序只需要与网关进行数据交换。从广域网上看，每个网关代表了它所在局域网的仿真运行情况，只有通过该网关才能获得此局域网的仿真运行数据。广域网网关的体系结构图如图6-17所示。

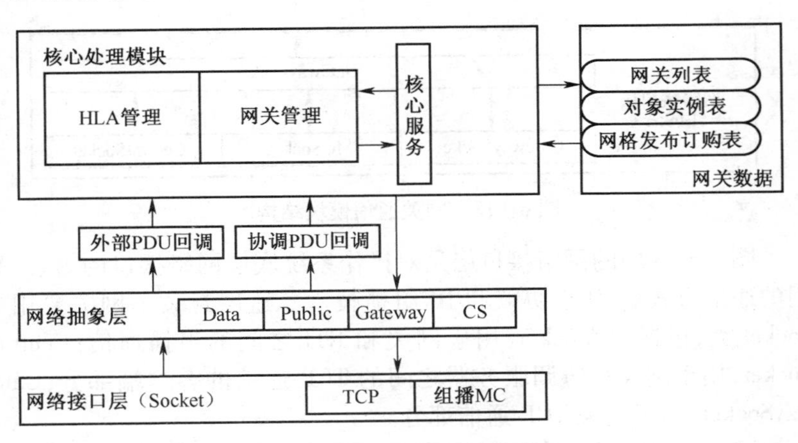

图6-17　网关体系结构图

从图6-17可以看出，广域网网关的体系结构从功能上划分主要分为三大模块：①通信模块。包括网络抽象层和操作系统网络接口层，主要负责广域网网关之间的通信。其中网络接口层(Linker)提供了TCP和组播两种通信方式的接口，网络抽象层(NAL)则根据网关的功能对报文进行封装。②回调管理模块。主要负责协调 PDU 回调管理，具体包括外部 PDU 管理和协调 PDU 管理两个部分。③核心处理模块。包括广域网网关的核心服务，以及 HLA 管理服务和网关管理、数据过滤的功能。核心处理模块主要涉及到的网关数据包括网关列表、本地对象和远程对象实例列表，网格订购表。下面将介绍各个模块的主要功能，对外接口及重要接口的实现。

1. 通信模块结构

广域网网关需要与所在局域网的协调服务器和 RTI 通信，同时也需要与广域网上的其他网关进行通信。通信模块就是要实现广域网网关的通信问题，主要包括两层：网络接口层（Linker）和网络抽象层（NAL）。其结构示意图如图 6－18 所示。

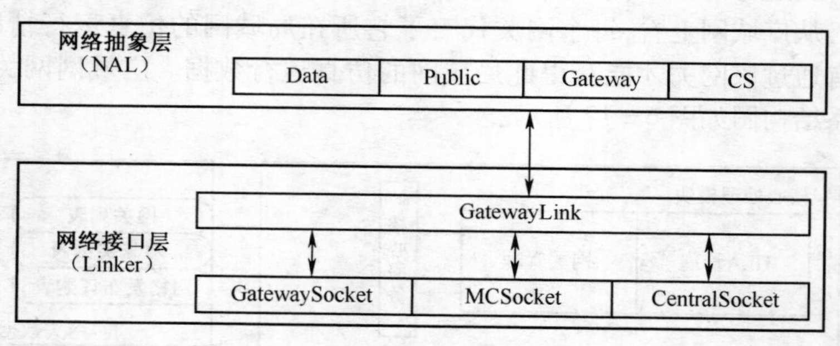

图 6－18　网关通信模块结构图

图 6－18 中的网络接口层是对操作系统底层网络接口的封装，采用的通信方式有 TCP 协议和 IP 组播技术。这层封装了网关要用的 Socket 类，包括 MCSocket，用于网关和 RTI 之间的组播通信；CentralSocket，用于网关与协调服务器之间的 TCP 通信的客户端部分；GatewaySocket，用于网关 TCP 通信部分。

网络抽象层是在网络接口层的基础上，根据网络接口层不同的 Socket 构建不同的通道，负责发送和接收数据和控制消息，并通过回调管理器交由核心处理模块来处理。网络抽象层的通道包括：数据通道、公共通道、协调数据通道和网关通道。

2. 回调管理模块

回调管理模块的主要功能就是将不同类型的 PDU 消息发送到不

同的回调函数中去处理。广域网网关的回调管理模块主要处理三类类消息：网关与网关之间的消息、网关与协调服务器之间的消息和网关与RTI之间的消息。网关的回调管理模块，分为协调PDU回调管理子模块，外部PDU管理子模块和网关PDU管理子模块，分别负责处理协调PDU消息、外部PDU消息和网关PDU消息，根据PDU的类型发送到相应管理服务的回调函数中处理。

3. 核心处理模块

网关的核心处理模块包括核心服务、联盟管理服务、对象管理服务和声明管理服务，以及网关管理五个子模块。核心服务封装了对外提供核心处理的服务接口；HLA管理服务实现了联盟管理、对象管理以及声明管理的相关回调函数，广域网网关主要用到了三种管理服务；网关管理模块主要实现网关所应具备的数据处理功能，其包括四个子模块，如图6-19所示。

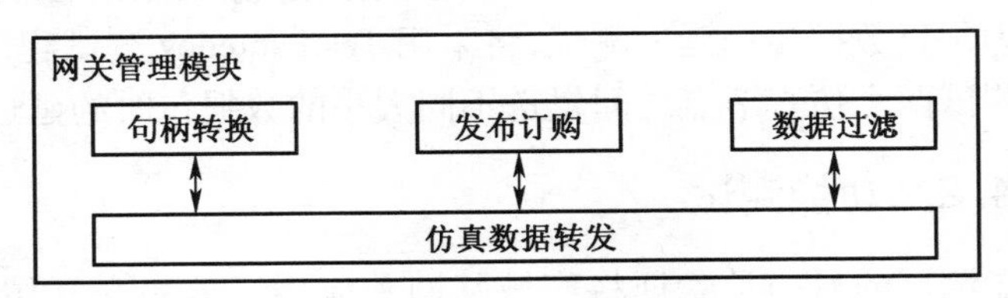

图6-19　网关管理模块示意图

由图6-19中的网关管理模块可以看出，仿真数据的转发是网关管理模块的基础，其他的数据操作都是在它之上进行的。网关数据是核心处理模块对各种消息进行处理时所要用到的数据，包括网关列表、保存本局域网内的对象实例的状态的本地对象实例表、保存其他网关发来的广域网上的对象实例的状态的远程对象实例表和本局域网的单元网格订购表。在网关之间建立连接和加入联盟之后创建，在网关退出联盟后进行清空。在仿真运行的过程中，这些数据都是动态更新的，几乎所有的网关功能都要涉及修改这些核心数据。

6.4.1　实验环境

实验在北京航空航天大学G座724室进行，实验的网络环境、硬件环境、软件环境以及实验的部署分别介绍如下。

1. 硬件环境

实验的网络采用百兆以太网和无线网,路由器为华为 Quidway 3928 系列和 D-Link 无线路由器。实验共使用 6 台主机,每台主机的硬件配置均为 Pentium 系列,2.8~3.4GHz 主频,1GB 内存。操作系统全部为 Windows XP。

2. 软件环境

实验中所用到的软件 BH RTI 2.3 是北航虚拟现实实验室自主开发的分布交互仿真平台 RTI 软件的版本。实验所用的测试程序主要分为功能测试和性能测试两部分,功能测试主要采用 RTI 可视化测试工具 TestFederate 进行测试。通过观察 TestFederate 作为仿真节点加入仿真环境,通过调用相关服务接口,测试仿真数据经过网关的转发情况,以及网关的句柄转换,发布/订购、数据过滤功能是否正常。性能测试为仿真数据传输延迟测试,将采用 TestLantency 测试程序,该程序可以测试两个仿真节点之间发送不同大小的数据包时的延迟。

6.4.2 功能测试

功能测试的目的是验证将广域网网关应用于分布交互仿真平台 BH RTI 2.3 中,由此构建的运行平台是否满足分布交互仿真的基本要求。

1. 数据转发功能测试

仿真数据转发功能测试主要是通过测试工具 TestFederate 来进行的,TestFederate 是根据 DMSO 发布的测试工具标准而开发的测试各个服务接口功能的测试程序,具有可视化的界面。每个 TestFederate.exe 进程相当于一个仿真节点,其菜单项提供了 HLA 各项服务中的各个接口,调用接口后,则在界面上返回调用结果,从而判断接口功能是否正确。进行测试时,构建两个局域网域,每个域内一台主机运行网关程序、一台主机运行协调服务器和一台主机启动 RTI,运行时的界面如图 6-20 所示。

图 6-20 中所运行仿真系统创建了名字为 test 的仿真联盟,每个 CentralServer 为自己所在局域网的仿真联盟分配句柄,每个 RTI 上加

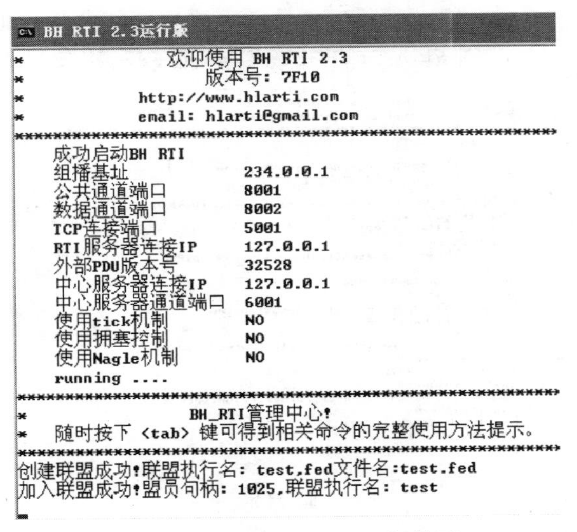

图 6－20　BH RTI 2.3 运行截图

入两个 TestFederate 仿真节点，RTI 为每个仿真节点分配句柄，负责为它们提供服务。广域网网关和 TestFederate 仿真节点运行时的状态如图 6－21 所示。

图 6－21(a)中的网关运行时界面显示的为网关 1 的运行状态，它和网关 2 正确地建立连接，并且收到网关转发来的注册对象实例 PDU、交互 PDU 以及更新对象实例属性 PDU 等。图 6－21(b)中现实的 TestFederate 运行界面分别从两个局域网内各取了一个节点，不同局域网 TestFederate 的外观有所差别，仿真节点可以直接单击菜单栏中的管理服务的下拉菜单选择服务接口进行调用。图 6－7(b)中界面返回信息显示了仿真成员正确接收到网关转发的仿真信息，包括注册对象实例信息、交互信息和对象实例属性信息。实验结果表明，广域网网关能够正确地完成数据转发。

2. 发布/订购测试

构建两个局域网，为每个域设置一台主机运行网关程序、一台主机运行协调服务器和一台主机启动 RTI。测试创建了名字为 test 的仿真联盟，每个 CentralServer 为自己所在局域网的仿真联盟分配句柄，每

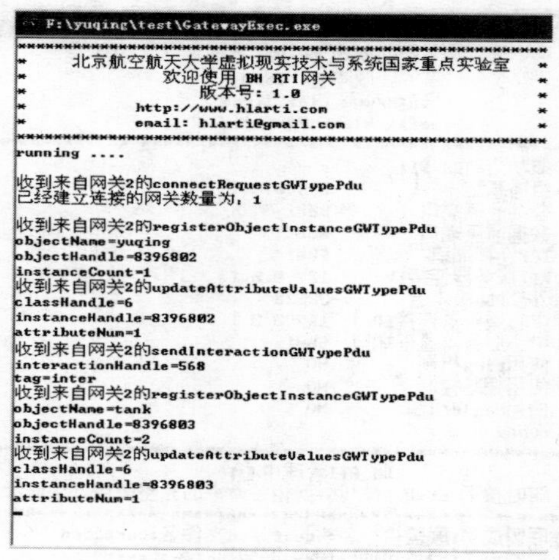

(a) 网关

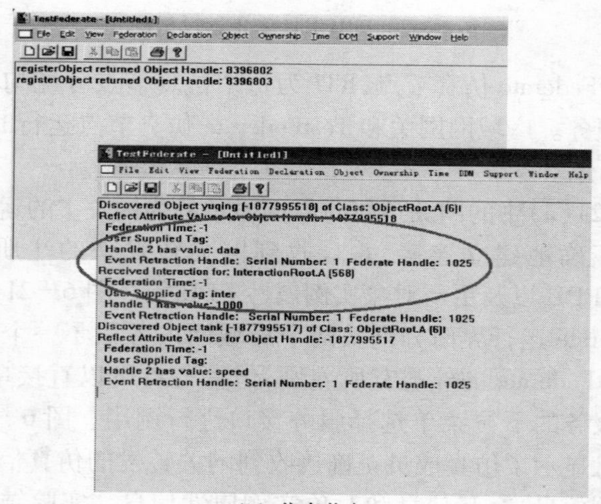

(b) 仿真节点

图 6-21 网关和 TestFederate 仿真节点运行截图

台 RTI 上加入两个 TestFederate 仿真节点,RTI 为每个仿真节点分配句柄,负责为它们提供服务。每个 TestFederate 仿真节点运行声明管理和对象管理的相关接口,发布和订购对象类和交互类。通过网关的发布/订购功能,网关向其他局域网发送了本局域网内的对象类的发布/订购信息,并且通过 TestFederate 测试工具的可视化界面返回的回调信息,判断网关的发布/订购功能是否正确。TestFederate 仿真节点运行时的状态和网关运行时状态如图 6-22 所示。

```
F:\yuqing\Gateway\test\GatewayExec.exe
**************************************************************
*      北京航空航天大学虚拟现实技术与系统国家重点实验室      *
*                 欢迎使用 BH RTI网关                          *
*                   版本号: 1.0                               *
*             http://www.hlarti.com                          *
*             email: hlarti@gmail.com                        *
**************************************************************
running ....

收到来自网关2的connectRequestGWTypePdu
已经建立连接的网关数量为: 1

收到来自网关2的registerObjectInstanceGWTypePdu
objectName=aclass
objectHandle=8396802
instanceCount=1
收到来自网关2的registerObjectInstanceGWTypePdu
objectName=tankclass
objectHandle=8396803
instanceCount=2
收到来自网关2的updateAttributeValuesGWTypePdu
classHandle=6
instanceHandle=8396802
attributeNum=1
收到来自网关2的updateAttributeValuesGWTypePdu
classHandle=13
instanceHandle=8396803
attributeNum=1
```

(a) 网关

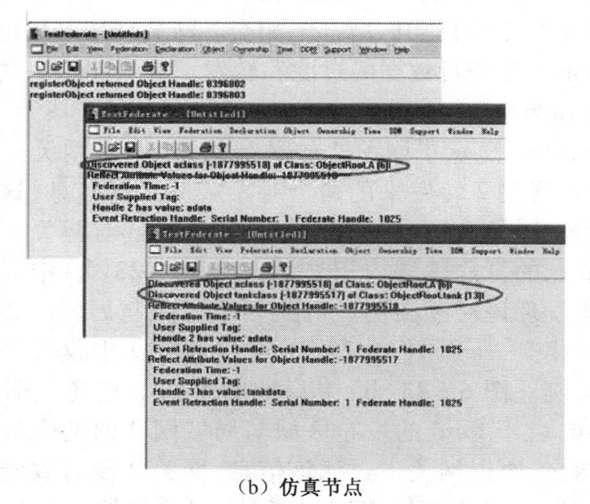

(b) 仿真节点

图 6-22　网关和 TestFederate 仿真节点发布/订购

图 6－22(a)显示了网关 1 的运行状态,它与网关 2 建立连接成功,并收到网关 2 转发来的两个对象实例注册信息,及其属性更新信息,这两个对象类分别属于对象类 A 和对象类 tank。图 6－22(b)显示了仿真联盟中的三个仿真节点,节点 1 为网关 2 所在局域网的仿真节点,节点 2 和节点 3 为网关 1 所在局域网的节点,其中节点 2 订购了对象类 A,节点 3 订购了对象类 A 和 tank。网关之间会转发这种订购信息。节点分别注册了对象类 A 和对象类 tank 的对象实例,可以从节点 2 和节点 3 的运行界面中看到节点 2 只能发现对象类 A 的对象实例及其属性更新,而节点 3 可以发现对象类 A 和对象类 tank 的对象实例及其属性更新。实验结果表明,广域网网关能够正确地将本局域网的对象类的发布/订购信息转发给其他网关。

3. 数据过滤功能测试

广域网网关数据过滤功能的测试环境与实验 1 所用的测试环境相同,每个 TestFederate 仿真节点运行数据分发管理的相关接口,创建自己的更新或者订购区域,网关 1 所在局域网节点每次注册对象实例后就会更改自己的更新区域,开始状态为与网关 2 所在局域网的两个节点的订购区域都相交,接着改为与其中一个节点的订购区域相交,再改为与两个节点的订购区域都不相交。网关利用基于组播扩展模型的数据过滤方法进行数据的过滤和转发。TestFederate 仿真节点运行时的状态和网关运行时状态如图 6－23 所示。

图 6－23(a)显示了网关 2 的运行状态,它与网关 1 建立连接成功,并收到网关 2 转发来的两个对象实例注册信息,这两个对象名为 first 和 second。其中对象 first 的发布区域与网关 2 所在局域网的两个节点的订购区域均相交,所以图 6－23(b)中局域网 2 的两个节点均发现该对象实例。对象 second 仅与局域网 2 一个节点的订购区域相交,所以图 6－23(b)中局域网 2 中仅有一个节点发现该对象实例。图 6－23(b)中局域网 1 的节点还注册了一个对象实例 third,由于 third 的发布区域与局域网 2 的两个节点的订购区域均不相交,所以网关 1 过滤该信息,网关 2 没有收到该对象实例的注册信息。实验结果表明,广域网网关能够正确地完成数据过滤功能。

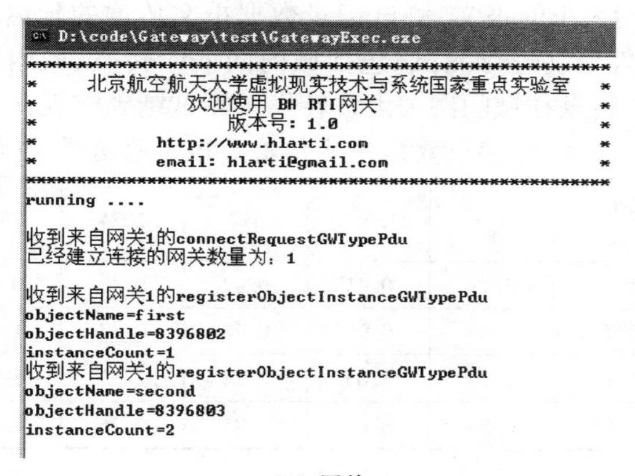

（a）网关

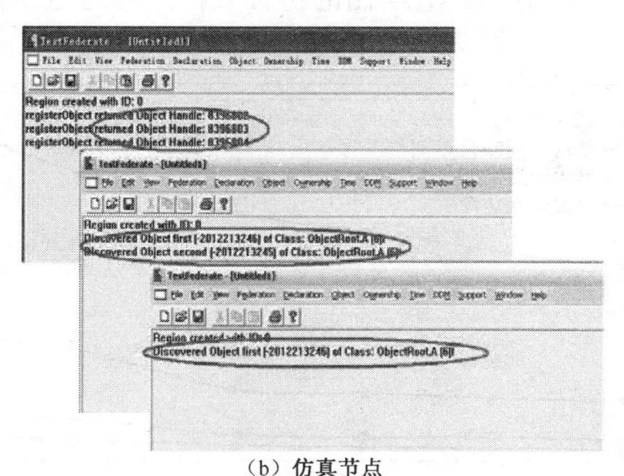

（b）仿真节点

图 6－23　网关和 TestFederate 仿真节点数据过滤

6.4.3　性能测试

数据传输延迟是分布交互仿真中的两个仿真节点之间仿真数据传输所耗费的时间。由于仿真节点所处的位置不同，仿真数据传递的方式也不同。本实验构建了两种不同的广域网环境，网关之间分别通过路由器连接和无线连接两种方式连接。构建两个局域网，域内的主机分别运行网关程序、协调服务器和 RTI。TestLatency 仿真节点通过

RTI 发送不同大小的报文,测试记录数据报文传输的延迟。实验按照四种传输条件分别进行测试,包括域内同 RTI 转发、域内不同 RTI 转发、域间网关转发和域间网关无线转发。测试结果如表 6-4 所列。

表 6-4 数据平均传输延迟实验结果 (单位:ms)

报文大小/B 传输条件	128	256	512	1024	1536	2048
域内同 RTI	0.41	0.41	0.47	0.46	0.66	0.81
域内不同 RTI	0.69	0.75	0.76	0.87	1.25	1.53
域间网关转发	1.96	2.03	2.14	2.33	3.25	4.02
域间网关无线转发	6.24	6.64	7.25	7.76	8.88	10.25

选取其中的测试数据,绘制的仿真数据传输延迟图如图 6-24 所示。

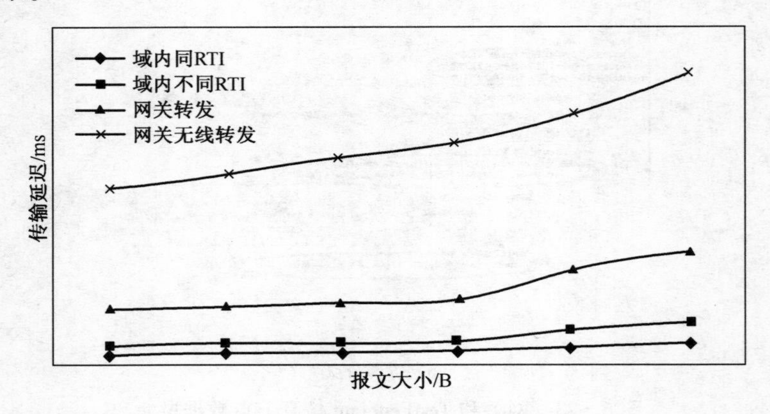

图 6-24 仿真数据平均传输延迟图

从图 6-24 中不同环境下的组播数据传输延迟数据可以看出,局域网内通过不同 RTI 相联的仿真节点之间的传输延迟和共同使用一个 RTI 的仿真节点的传输延迟相差不大,且均在 1ms 以内。广域网网关间通过路由器进行连接,仿真节点间的传输延迟比局域网内的传输延迟略高,平均在 2~4ms 之内,增加的部分为网关转发所耗费的时间。当网关之间是采用无线网连接时,传输延迟远高于另外三种情况,分析可知,这是由于无线传输本身延迟较大造成的,实验结果表明网关转发增加的延迟对广域网上总传输延迟的影响较小。

6.5 小　　结

本章首先分别对基于广域网网关和多对多组播传输模型中网关部分和可靠组播部分的实现进行了介绍,然后给出了基于广域网网关的模型与 BH RTI 2.3 集成的方法,为基于 BH RTI 2.3 的分布交互仿真应用提供可靠组播传输服务。实验数据表明,多对多组播传输模型及关键算法为分布交互仿真在广域网上的应用提供了有效的传输机制,其性能指标可以达到分布交互仿真的需求,并对比同类系统具备一定优势。

参考文献

[1] B. Tavli and W. Heinzelman, "Energy - Efficient Real - Time Multicast routing In Mobile Ad Hoc Networks ", Proc. IEEE Transactions On Computers, VOL. 60, NO. 5, pp. 707 - 722, 2011.

[2] M. Van Der Schaar and S. Shankar, "Cross - Layer Wireless Multimedia Transmission: Challenges, Principles and New Paradigms," IEEE Wireless Comm. , vol. 12, no. 4, pp. 50 - 58, Aug. 2005.

[3] L. Junhai, Y. Danxia, X. Liu, and F. Mingyu, "A Survey of Multicast Routing Protocols for Mobile Ad - Hoc Networks," IEEE Comm. Surveys and Tutorials, vol. 11, no. 1, pp. 78 - 91, First Quarter 2009.

[4] Y. Wu, P. A. Chou, and S. Y. Kung, " Minimum - energy multicast in mobile ad - hoc networks using network coding," IEEE Trans. Commun. , vol. 53, no. 11, pp. 1906 - 1918, Nov. 2005.

[5] K. Rajawat, N. Gatsis, and G. B. Giannakis, "Cross - layer designs in coded wireless fading networks with multicast," IEEE/ACM Trans. Netw. , vol. 19, no. 5, pp. 1276 - 1289, Oct. 2011.

[6] M. R. Stytz. Distributed Virtual Environments[J]. IEEE Computer Graphics and Applications, 1996, 16(3): 19 - 31.

[7] M. Capps, D. Stotts. Research Issues in Developing Networked Virtual Realities[J].Proceedings of the Sixth IEEE Workshop on Enabling Technologies: Infrastructure for Collaborative Enterprises (WETICE), IEEE Computer Society, 1997, 18(20): 205 - 211.

[8] 赵沁平，怀进鹏，李波，等．虚拟现实研究概况[J]．计算机研究与发展，1996, 33(7): 493 - 500

[9] 赵沁平.DVENET分布式虚拟现实应用系统运行平台与开发工具[M].北京:科学出版社.2005.

[10] 周彦，戴剑伟．HLA仿真程序设计[M].北京:电子工业出版社,2002.

[11] (美)库尔，韦瑟利.计算机仿真中的HLA技术[M].付正军，王永红，译.北京:国防工业出版社,2003.

[12] Kalyan Perumalla, Alfred Park, Richard M. Fujimoto, et al. Scalable RTI - Based Parallel Simulation of Networks[A]. Proceedings of the 7th Workshop on Parallel and Distributed Simulation[C], 2003:97 - 104.

[13] Richard M. Fujimoto. Parallel and Distributed Simulation Systems[A]. Processings of the 2001 Winter Simulation Conference[C], 2001:147-157.

[14] Richard M. Fujimoto. Distributed Simulation Systems[A]. Processings of the 2003 Winter Simulation Conference[C], 2003:124-134.

[15] D. Miller, J. Thorpe. SIMNET: the Advent of Simulator Networking[J]. Proceedings of IEEE, 1995, 83(8): 1114-1123.

[16] Richard M. Fujimoto. Time Management in the High Level Architecture[J]. SIMULATION, 1996, V71(6):60-67.

[17] 王锦卿,杜政,欧阳伶俐,等. 分布式交互仿真技术综述[J]. 系统仿真学报,1996,8(3): 1-5.

[18] Sui-ping Zhou, Wei-tong Cai, Bu-Sung Lee, et al. Turner. Time-Space Consistency in Large-Scale Distributed Virtual Envionments[J]. ACM Transaction Modeling and Computer Simulation, January 2004, 14(1):31-47.

[19] K. L. Morse, An Adaptive, Distributed Algorithm for Interest Management, University of California: Irvine, 2000.

[20] George Coulouris, Jean Dollimore, Tim Kindberg. Distributed Systems Concepts and Design [M],北京:机械工业出版社, 2003.

[21] J. O. Calvin, S. M. McGarry, S. J. Rak, D. J. V. Hook, Design, Implementation, and Performance of the STOW RTI Prototype(RTI-s), 1997.

[22] Eriksson H, The multicast backbone[J], Communications of the ACM, 1994, vol8:54-60.

[23] Casner S, Deering S. First IETF Internet audiocast[J]. ACM Computer Communication Review, July, 1992: 92-97.

[24] D. Waitzman, C. Partridge, S. Deering. Distance vector multicast routing protocol DVMRP [EB/OL]. IETF RFC 1075,November,1988.

[25] J. Moy. Multicast extensions to OSPF[EB/OL]. IETF RFC1584,March,1994.

[26] S. Deering, D. Estrin, D. Farinacci,et al. Protocol Independent Multicast Version 2 Dense Mode Specification[EB/OL]. IETF Internet draft,draft_ietf_pimv2_dm_*.txt,Nov. 1998.

[27] T. Ballardie, P. Francis, J. Crowcroft. Core based trees(CBT):An architecture for scalable multicast routing[C],In Proceedings of ACM SIGCOMM,San Francisco,CA, September 1995:85-95.

[28] D. Estrin, D. Farinacci, A. Helmy. Protocol Independent Multicast Sparse Mode (PIM_SM):Protocol Specification[EB/OL]. IETF RFC 2362,June 1998.

[29] 曹佳,鲁士文.中科院计算技术研究所信息技术快报,2004,11.

[30] T. Bates, R. Chandra, D. Katz. Multiprotocol extensions for BGP-4[EB/OL]. IETF RFC 2283,February 1998.

[31] D. Farinacci, Y. Rekhter, P. Lothberg. Multicast source discovery protocol(MSDP) [EB/OL]. IETF Internet draft,draft-farinacci-msdp-*.txt,June 1998.

[32] S. Kumar, P. Radoslavov, D. Thaler. The MASC/BGMP architecture for inter - domain multicast routing [EB/OL]. In Proceedings of ACM Sigcomm (Vancouver, CANADA), August 1998.

[33] Diot C, Levine B N, Lyles B, et al. Deployment Issues for the IP Multicast Service and Architecture[J]. IEEE Network, Jan. 2000:78 - 88.

[34] Alex Koh Jit - Beng, Francis Lee Bu - Sung, Cai Wen - Tong, Stephen J. Turner. Multicast Fast Messages in RTI - Kit [A], Proceedings of Spring Simulation Interoperability Workshop [C], Orlando, USA: 00S - SIW - 039, 2000.

[35] ST Bachinsky, L. Mellon, GH Tarbox and RM Fujimoto. RTI 2.0 Architecture [A], Proceedings of Spring Simulation Interoperability Workshop [C], Orlando, USA: 98S - SIW - 150, 1998.

[36] Stephen McGarry, An Analysis of RTI - s Performance in the STOW 97 ACTD[C]. Spring Simulation Interoperability Workshop, 1998. Paper 98S - SIW - 229.

[37] S.Seidensticker. HLA Data Filtering/Distribution Requirements, in 15th DIS workshop, 1996.

[38] Michael L. Walker. Overview Of The Raytheon E - RTI [A], Proceedings of Fall Simulation Interoperability Workshop[C], Orlando, USA: 03F - SIW - 016, 2000.

[39] J. Mark Pullen, Robert Simon, Fei Zhao and Woan Sun Chang. NGI - FOM over RTI - NG and SRMP: Lessons Learned [A], Proceedings of Fall Simulation Interoperability Workshop [C], Orlando, USA: 03F - SIW - 111, 2003.

[40] M. Bassiouni, A. Mukherjee, Data Compression in Real - Time Distributed System, in IEEE Global Telecommunication Conference (GLOBECOM), IEEE Communication Society, 1990.

[41] M. J. Zyda, D. R. Pratt, J. G. Monahan, K. P. Wilson. NPSNET: Constructing A 3D Virtual World[A]. Proceedings of the 1992 symposium on Interactive 3D graphics[C], March 1992: 147 - 156.

[42] C. Shaw, M. Green, J. Liang, Y. Sun. Decoupled Simulation in Virtual Reality with the MR Toolkit [J]. ACM Transactions on Information Systems (TOIS), 1993, 11(3): 287 - 317.

[43] High - level architecture object model template specification version 1.3[S]. USA: Defence Modeling & Simulation Office. 1998.

[44] IEEE 1516 - 2000, IEEE standard for modeling and simulation (M&S) high level architecture (HLA) - framework and rules[S], New York, USA: The Institute of Electrical and Electronics Engineer, 2000.

[45] IEEE 1516.1 - 2000, IEEE standard for modeling and simulation (M&S) high level architecture (HLA) - federate interface specification[S]. New York, USA: The Institute of Electrical and Electronics Engineer, 2000.

[46] IEEE 1516.2 - 2000, IEEE standard for modeling and simulation (M&S) high level archi-

tecture (HLA)-object Model Template (OMT) Specification[S]. New York, USA: The Institute of Electrical and Electronics Engineer, 2000.

[47] D. Miller, J. Thorpe. SIMNET: the Advent of Simulator Networking[J]. Proceedings of IEEE, 1995, 83(8): 1114-1123.

[48] M. J. Zyda, D. R. Pratt, J. G. Monahan, K. P. Wilson. NPSNET: Constructing A 3D Virtual World[A]. Proceedings of the 1992 symposium on Interactive 3D graphics[C], March 1992: 147-156.

[49] C. Carlsson, O. Hagsand. DIVE: A Multi-User Virtual Reality System[A]. Proceedings of the IEEE Virtual Reality Annual International Symposium[C], 1993: 394-400.

[50] G.. Singh, L. Serra, et al. BrickNet: A Software Toolkit for Networks-Based Virtual Worlds[J]. Presence: Teleoperators and Virtual Environments, 1994, 3(1): 19-34.

[51] C. Greenhalgh, J. Purbrick, D. Snowdon, Inside MASSIVE-3: Flexible Support for Data Consistency and World Structuring [C], Proceedings of the Third International Conference on Collaborative Virtual Environments, 119-127, September 2000.

[52] T. A. Funkhouser. RING: A Client-Server System for Multi-User Virtual Environments [A]. Proceedings of the 1995 symposium on Interactive 3D graphics[C], April 1995: 85-92.

[53] M. Mauve, J. Vogel, V. Hilt, W. Effelsberg. Local-lag and timewarp:Providing consistency for replicated continuous applications [C]. IEEE Transactions on Multimedia, 2004, 16: 47-57.

[54] A. BASSIOUNI, M. LOPER. Performance and Reliability Analysis of Relevance Filtering for Scalable Distributed Interactive Simulation [C]. ACM Transactions on Modeling and Computer Simulation. 1997, 7(3): 293-331.

[55] High Level Protocol used with IP multicast, An IP multicast initiative white paper, Stardust Technologies[Z] ,Inc. http://www. ietf. org.

[56] http://www. hlarti. com/. [Z]

[57] D. Delaney, T. ward,S. Mcloone. On Consistency and Network Latency in Distributed Interactive Applications: Part I[C]. Presence: Teleoper. Virtual Environ. 2006, 15(2): 218-234.

[58] P. Morillo, M. Orduna, M. Fernandez, Improving the Performance of Distributed Virtual Environment Systems [C]. IEEE Transactions on Parallel and Distributed Systems. 2005, 16(7): 637-649.

[59] M. Capps, D. Stotts. Research Issues in Developing Networked Virtual Realities[J]. Proceedings of the Sixth IEEE Workshop on Enabling Technologies: Infrastructure for Collaborative Enterprises (WETICE), IEEE Computer Society, 1997, V18(20): 205-211.

[60] Swaine S, Stapf M. Large DIS exercises-100 entities out of 100000 [C]. Proc. of 16th Interservice/ Industry Training Systems and Education Conference, 1994: 4-13.

[61] MOSTAFA A. BASSIOUNI, MING－HSING CHIU, Performance and Reliability Analysis of Relevance Filtering for Scalable Distributed Interactive Simulation, ACM Transactions on Modeling and Computer Simulation(TOMACS) [C], Volume 7, Issue 3, 1997:293－331.

[62] Cohen D, Kemkes A. Using DDM－An application perspective [C]. In: Procof Spring Simulation InteroperabilityWork shop. O rlando, FL: IEEE Computer Society Press, 1997. 107－114.

[63] Dan CHEN, Bu－Sung LEE, Wentong CAI, Stephen John TURNER. Design and Development of a Cluster Gateway for Cluster－based HLA Distributed Virtual Simulation Environments [C]. Proceedings of the 36th Annual Simulation Symposium. 2003.

[64] Hook D J V, Calvin J O. Data Distribution Management in RTI1. 3[Z]. The Defense Modeling and Simulation Office Under Air Force Contract, 2004.

[65] Rob Minson, Georgios Theodoropoulos. An Adaptive Interest Mannagement Scheme for Distributed Virtual Environments[C]// Proceedings of the Workshop on Principle of Advanced and Distributed Simulation (PADS'05), Washington, DC, USA: IEEE Computer Society, 2005: 273－281.

[66] Ayani R, Moradi F, Tan G. Optimizing cell－size in grid－based DDM [C]//Proceedings of the Workshop on Parallel and Distributed Simulation, Sponsored by: IEEE－TCSIM, Washington, DC, USA: IEEE Computer Society, 2000: 93－100.

[67] Dumond L. A Federation Object Model Flexible Federate Framework [R]. Architecture Tradeoff Analysis Initiative, Tech. Rep.: CMU/SEI－2003－TN－007, 2003.

[68] A. Carzaniga, E. Di Nitto, D. S. Rosenblum, A. L. Wolf. Issues in supporting event－based architectural styles [C]. In Proceedings of 3rd International Software Architecture Workshop, 1998.

[69] J. Bates, J. Bacon, K. Moody, M. Spiteri. Using events for the scalable federation of heterogeneous components[C]. In Proceedings of the 8th ACM SIGOPS European Workshop: Support for Composing Distributed Applications. Sintra, Portugal, 1998.

[70] The ADAPTIVE Communication Environment[Z]. http://www. cs. wustl. edu/~schmidt/ACE. html.

[71] Carlos O'Ryan, ACE RMCast Technical Introduction [EB/OL], http://download. dre. vanderbilt. edu/, 2001.

[72] Harry Wolfson, Steven B. Boswell, PhD, Daniel J. Van Hook, Stephen M. McGarry. Reliable Multicast in The STOW RTI Prototype[A], Proceedings of Spring Simulation Interoperability Workshop [C], Orlando, USA: 97S－SIW－119, 1997.

[73] Mark Torpey, Deborah Wilbert, Bill Helfinstine, Wayne Civinskas. Experiences and Lessons Learned Using RTI－NG in a Large－Scale, Platform－Level Federation[A], Proceedings of Spring Simulation Interoperability Workshop[C], Orlando, USA: 01S－SIW－046, 2001.

[74] Harry Wolfson. Out－of－Band Flow Control for Reliable Multicast[A], Proceedings of

Spring Simulation Interoperability Workshop [C], Orlando, USA: 00S - SIW - 071, 2000.

[75] J. Calvin, C. Chiang, S. McGarry, S. Rak, D. Hook, Design. Implementation, and Performance of the STOW RTI Prototype (RTI - s) [A], Proceedings of Spring Simulation Interoperablility Workshop [C], Orlando, USA: 97S - SIW - 019, 1997.

[76] Salama H. F. Evaluation of multicast routing algorithm for real - time communication on high - speed networks [J]. IEEE Journal on selected communications, 1997,15(3),332 - 345.

[77] George N. Multicast routing with end - to - end delay and delay variation constraints [J]. IEEE Journal on Selected Areas in Communication,1997,15,332 - 345.

[78] Xue G. Optimal multicast trees in communication systems with channel capabilities and channel reliabilities [C]. IEEE Transactions on Communication, 1999,47,662 - 663.

[79] Xue G. End - to - end data paths:quickest or most reliable [Z]. IEEE Communications Letters,1998,2(6),156 - 158.

[80] P Winter. Steiner Problem in Networks:A Survey[J]. Networks,1987: 129 - 167.

[81] F K Hwang. Steiner Tree Problems[J]. Networks,1992:55 - 89.

[82] V P Kompella, J C Pasavale, G C Polyzo. Two Distributed Algorithms forMulticasting. Multimedia Information. Proc. ICCCN'93,1993:343 - 349.

[83] Pullen, J. M. and M. Moreau. Creating a Light - Weight RTI Using Selectively Reliable Transmission as an Evolution of Dual - Mode Multicast [A], Proceedings of Fall Simulation Interoperability Workshop [C], Orlando, USA: 97F - SIW - 149 , 1997.

[84] 周忠.面向仿真高层体系结构的兴趣层次的研究[D].北京:北京航空航天大学,2004.

[85] 李鹏.分布式交互仿真中可靠组播的研究与实现[D].北京:北京航空航天大学,2003.

[86] 吕良权,李鹏,李肖坚. 分布交互仿真中的可靠组播[J].系统仿真学报,2001,11(13):433 - 435.

[87] 蔡楠. 面向分布交互仿真的多对多可靠组播服务模型的研究与实现[D].工学硕士本书,北京:北京航空航天大学,2007.

[88] RFC 2502, Limitations of Internet protocol suite for distributed simulation in the large multicast environment [S]. USA: The Internet Engineering Task Force, 1999.

[89] Anthony Jones,Jim Ohlund.Network Programming for Microsoft Windows [M], Second Edition.杨合庆,译,北京:清华大学出版社,2002.

[90] Stefan Elf,Peter Parnes,A Literature Review of Recent Developments in Reliable Multicast Error Handling[C].

[91] Wayne Civinskas, Brett Dufault, Deborah Wilbert. RTI - NG Performance in Large - Scale, Platform - Level Federations[C]. 2000F - SIW - 031 2000.

[92] J. Baek. A Hybrid Configuration of ACK Tree for Multicast Protocol[C]. Proceedings of the 2002 International Symposium on Performance Evaluation of Computer and Telecommunication Systems (SPECTS 2002), pp. 852 - 856, San Diego, USA, July 2002.

[93] S, Paul, K. Sabanni, R. Buskens, S. Muhammad, J. Lin, S. Bhattacharyya, RMTP: A Reliable Multicast Transport Protocol for High - Speed Networks[C]. Proceedings of the Tenth Annual IEEE Workshop on Computer Communications, September 1995.

[94] S. Floyd, V. Jacobson, S. McCanne, C - G Liu, L. X. Zhang. A Reliable Multicast Framework for Light - Weight Sessions and Application Level Framing[C]. Proc. of ACM Sigcomm'95 1995:342 - 356.

[95] Nonnenmacher J, Biersack EW, and Towsley D. Parity - Based Loss Recovery for Reliable Multicast Transmission [C]. IEEE/ACM - Transactions - on - Networking, 1998, 6 (4):349 - 361.

[96] Dan Li, David R. Cheriton, Evaluating the Utility of FEC with Reliable Multicast[A], Proceedings of International Conference on Network Protocols [C], USA: IEEE , 1999:97 - 105.

[97] Ernst W. Biersack. Performance evaluation of Forward Error Correction in ATM networks [A], Proceedings of International Conference on Communications architectures & protocols [C], USA: ACM Press, 1992: 248 - 257.

[98] H. W. Holbrook, S. K. Singhal, and D. E. Cheriton. Log - based Receiver - Reliable Multicast for Distributed Interactive Simulation [A]. Proceedings of the conference on Applications, technologies, architectures, and protocols for computer communication [C], Massachusetts, USA: ACM Press, 1995: 328 - 341.

[99] B. N. Levine, D. B. Lavo and J. J. Garcia - Luna - Aceves. The Case for Reliable Concurrent Multicasting Using Shared Ack Trees[A]. Proceedings of the fourth ACM international conference on Multimedia[C],USA: ACM Press. 1996: 365 - 376.

[100] B. N. Levine and R. Rom. Supporting Reliable Concast with ATM Networks[R]. USA: Sun Research Labs, SDS - 96 - 0517, 1997.

[101] S. Paul, K. K. Sabnani, J. C. - H. Lin, and S. Bhattacharyya. Reliable Multicast Transport Protocol (RMTP) [J]. IEEE Journal on Selected Areas in Communications. Special Issue for MultipointCommunications, 1997, 15(3):407 - 421.

[102] R. Yavatkar, J. Friffioen, and M. Sudan. A Reliable Dissemination Protocol for Interactive Collaborative Applications[A]. Proceedings of ACM Multimedia [C],USA: ACM Press, 1995:333 - 343.

[103] J. Liebeherr and B. S. Sethi. A Scalable Control Topology for Multicast Communications [A]. Proceedings of Annual Joint Conference of the IEEE Computer and Communications Societies[C],USA: IEEE, 1998: 1197 - 1204.

[104] Jorg Liebeherr, Tyler K. Beam. HyperCast: A Protocol for Maintaining Multicast Group Members in a Logical Hypercube Topology [C], Proceedings of the First International Workshop on Networked Group Communication , Springer Publishing House, 1999: 72 -89.

[105] RFC 3208, PGM Reliable Transport Protocol Specification[S], USA: The Internet Engineering Task Force, 2001.

[106] Li - wei H. Lehman, Stephen J. Garland, and David L. Tennenhouse, Active Reliable Multicast[C], Annual Joint Conference of the IEEE Computer and Communications Societies, USA: IEEE, 1998: 581 - 589.

[107] Eddie Kohler, Robert Morris, Benjie Chen, John Jannotti, M. Frans Kaashoek. The Click Modular Router[J], ACM Transactions on Computer Systems, 2000, 18(3): 253 - 297.

[108] Dan Li, David R. Cheriton, Evaluating the Utility of FEC with Reliable Multicast[A], Proceedings of International Conference on Network Protocols [C], USA: IEEE , 1999:97 - 105.

[109] Ernst W. Biersack. Performance evaluation of Forward Error Correction in ATM networks [A], Proceedings of International Conference on Communications architectures & protocols [C], USA: ACM Press, 1992: 248 - 257.

[110] Andrew S. Tanenbaum. Computer Networks Fourth Edition[M]. Prentice Hall. 2003.

[111] Rhee J., Balaguru N., Rouskas G. MTCP: scalable TCP - like congestion control for reliable multicast[C]. In: Doshi, B., ed. Proceedings of the IEEE INFOCOM. New York: IEEE Communications Society, 1999:1265 - 1273.

[112] Rizzo L. PGMCC: a TCP - friendly Single - rate Multicast Congestion Control Scheme[C]. In: Floyd, S., ed. Proceedings of the ACM SIGCOMM. Stockholm: ACM Press, 2000. 17 - 28.

[113] Golestani S. J., Sabnani, K. K. Fundamental observations on multicast congestion control in the Internet[C]. Processing of the IEEE INFOCOM. Ottawa: IEEE Communications Society. 1999, 990 - 1000.

[114] Kadansky M., Chiu D., Wesley J., et al. Tree - Based reliable multicast (TRAM). INTERNET DRAFT draft - kadansky - tram - 02. txt, Work in Progress. 2000.

[115] Handley M, Floyd S, Whetten B. Strawman. Specification for TCP Friendly (Reliable) Multicast Congestion Control[C]. Pisa, Italy: RMRGMeeting, 1999, 6.

[116] Jorg Widmer, Mark Handly. Extending Equations - based Congestion Control to Multicast Applications[C]. SIGCOMM'01. San Diego, California, USA. 2001.

[117] McCanne S. Receiver - driven Layered Multicast [C]. ACM SIGCOMM96. 1996: 117 -130.

[118] Vicisano L, Crowcroft J, Rizzo L. TCP - like Congestion Control for Layered Multicast Data Transfer[C]. Proc. of IEEE INFOCOM'98, San Francisco, USA, 1998:996 - 1003.

[119] Byers J W, Horn G, Luby M, et al. FLID - DL: Congestion Control for Layered Multicast [J]. Selected Areas in Communications IEEE Journal, 2002, 20:1558 - 1570.

[120] B Vickers, C Albuquerque, T Suda. Source - adaptive Multi - layered Multicast Algorithms for Real - time Video Distribution[J]. IEEE/ACM Transactions on Networking, 2000, 8

(6):720 - 733.

[121] Floyd, S., Fall, K. Promoting the Use of End - to - end Congestion Control in the Internet [C]. IEEE/ACM Transactions on Networking, 1999, 7(4):458 - 472.

[122] RFC 2502, Limitations of Internet protocol suite for distributed simulation in the large multicast environment [S]. USA: The Internet Engineering Task Force, 1999.

[123] RFC 2357. IETF Criteria for Evaluating Reliable Multicast Transport and Application Protocols[S], USA: The Internet Engineering Task Force, 1998.

[124] ISO/IEC 8072, Information technology - Open systems interconnection - Transport service definition, Third edition [S], USA: ISO/IEC, 1996.

[125] RFC 1193. Client requirements for real - time communicastion services[S], USA: The Internet Engineering Task Force, 1990.

[126] Floyd S, Handley M, Padhye J, et al. Equation - Based Congestion Control for Unicast Applications[J]. The Extended Version, 2000(2):147 - 163.

[127] D M Chiu, M Kadansky, J Wesley. A Flow Control Algorithm for ACK - based Reliable Multicast[R]. SUN Microsystems Labs. 1999.

[128] Sano T., Shiroshita T., Takahashi O., Yamashita M. Monitoring - based flow control for reliable multicast protocols andits evaluation[C]. IPCCC 1997:403 - 409.

[129] 周忠，赵沁平．基于兴趣层次的 RTI 拥塞控制研究[J]．软件学报，2004，15(1)：120 -130.

[130] D. Pendarakis, S. Shi, D. Verma, and M. Waldvogel. ALMI: An Application LevelMulticast Infrastructure. In Proceedingsof 3rd Usenix Symposium on Internet Technologies & Systems, March 2001. 49 - 60.

[131] V. Roca and A. El - Sayed. A host - based multicast (HBM) solution for group communications. In 1st IEEE International Conference on Networking (ICN'01), July 2001.

[132] BANERJEE S, BHATTACHARJEE B, KOMMAREDDY C. Scalable application layermulticast [J]. ACM SIGCOMM Computer Communication Review, 2002, 32 (4): 205 - 217.

[133] JANNOTTI J, GIFFORD D K, JOHNSON KL. Overcast: reliable multicasting with an overlay network [A]. JONES M B, KAASHOEK F. USENIX Symposium on Operating System Design and Implementation [C]. San Diego, CA, USA: USENIX Association, 2000: 197 - 212.

[134] ZHANG Bei - chuan, JAMIN S, ZHANG Li - xia. Host multicast: a framework for delivering multicast to end users [A]. KERMANI P. IEEE INFOCOM 2002 [C]. New York, NY, USA: IEEE Press, 2002. 1366 - 1375.

[135] I. Stoica, R. Morris, D. Karger, M. F. Kaashoek, and H. Balakrishnan, Chord: A scalable peer - to - peer lookup protocol for internet applications [C]. IEEE/ACM Transactions on Networking, 2003, 11(1): 17 - 32.

[136] M. Castro, P. Druschel, A. - M. Kermarrec , and A. Rowstron. Scribe: A large - scale and decentralized application - level multicast infrastructure [J]. IEEE Journal on Selected Areas in Communications, Oct. 2002,20(8):1489 - 1499.

[137] Y. - H. Chu, S. G. Rao, and H. Zhang. A Case for End System Multicast [C]. In Proceedings of ACM SIGMETRICS, June 2000.

[138] A. Boukerche, A. Shadid, Ming Zhang, Efficient Load Balancing Schemes for Large - Scale Real - Time HLA/RTI Based Distributed Simulations, Distributed Simulation and Real - Time Applications [C]. DS - RT 2007. 11th IEEE International Symposium, 22 - 26 Oct. 2007:103 - 112.

[139] H. Taghaddos, S. M. AbouRizk, Y. Mohamed, I. Ourdev, Distributed agent - based simulation of construction projects with HLA [C]. Simulation Conference. WSC 2008. Winter 7 - 10 Dec. 2008 Page(s):2413 - 2420.

[140] M. Raab, T. Schulze, S. Strassburger, Management of HLA - based distributed legacy SLX -models [C]. Simulation Conference, 2008. WSC 2008. Winter 7 - 10 Dec. 2008 Page(s):1086 - 1093.